小反刍兽疫

［英］穆罕默德·穆尼尔（Muhammad Munir） 编著

中国动物疫病预防控制中心 组译

中国农业出版社

北　京

图书在版编目（CIP）数据

小反刍兽疫 /（英）穆罕默德·穆尼尔
（Muhammad Munir）编著；中国动物疫病预防控制中心组
译 .—北京：中国农业出版社，2020.10
　　ISBN 978-7-109-27584-3

　　Ⅰ.①小…　Ⅱ.①穆…②中…　Ⅲ.①反刍动物－动
物疾病－防治　Ⅳ.①S858

中国版本图书馆 CIP 数据核字（2020）第 260447 号

Translation from the English language edition：
Peste des Petits Ruminants Virus
Edited by Muhammad Munir
Copyright © 2015 Springer Berlin Heidelberg
Springer Berlin Heidelberg is a part of Springer Science＋Business Media
All Rights Reserved
北京市版权局著作权合同登记号：图字 01-2015-7501 号

小反刍兽疫
XIAOFANCHUSHOUYI

中国农业出版社出版
地址：北京市朝阳区麦子店街 18 号楼
邮编：100125
责任编辑：刘　玮
版式设计：杨　婧　责任校对：沙凯霖
印刷：中农印务有限公司
版次：2020 年 10 月第 1 版
印次：2020 年 10 月北京第 1 次印刷
发行：新华书店北京发行所
开本：700mm×1000mm　1/16
印张：13.5
字数：400 千字
定价：280.00 元

人员名单 PESTE
DES PETITS RUMINANTS

主　译　辛盛鹏　宋晓晖　孙　雨

译　者　辛盛鹏　宋晓晖　孙　雨　曲　萍　付　雯

　　　　张　硕　池丽娟　赵柏林　胡冬梅　郭君超

　　　　孙　航　郑美丽　姚　强　马继红　李晓霞

　　　　汪葆玥　李　琦　王　赫　齐　鲁　张朝明

　　　　邵启文　张存瑞　徐　琦　刘颖昳　李　婷

　　　　顾小雪

主　校　王传彬　冯春燕　肖　颖

目　录

第一章　小反刍兽疫简介

Muhammad Munir

　　摘要： 小反刍兽疫是一种急性、高度传染性，带来严重经济影响的跨界传播疫病。该病主要在撒哈拉沙漠以南的非洲地区、中东、印度次大陆和土耳其等地流行。世界动物卫生组织（OIE）将其列为必须报告的动物疫病。在部分小反刍兽疫流行地区减轻疫情状况有助于缓解当地的贫困现状。近年来，针对小反刍兽疫的研究主要集中在疫苗开发、疫病诊断和流行病学调查等方面。随着该病危害程度增加、感染区域扩大，病毒相关的基础研究亟待加强。本章节对全书内容进行了概述，其他章节对疫病特性分别进行详细描述。

1.1　综述

　　小反刍兽疫（Peste des petits ruminants，PPR）是由副黏病毒科麻疹病毒属的小反刍兽疫病毒（Peste des petits ruminants virus，PPRV）引起（Gibbs 等，1979）。PPR 是相对新近确认的疫病，因此，对 PPRV 的结构和分子生物学特性的了解多来源于其他麻疹属病毒，如麻疹病毒（Measles virus，MV）、犬瘟热病毒（Canine distemper virus，CDV）和牛瘟病毒（Rinderpest virus，RPV）。PPRV 粒子呈多形性，有囊膜包被（图 1.1）。病毒基因组由 15 948 个核苷酸组成，依次编码核衣壳蛋白

(nucleocapsid，N)、磷酸化蛋白（phospho protein，P）、基质蛋白（matrix protein，M）、融合蛋白（fusion protein，F）、血凝素-神经氨酸酶（hemagglutinin-neuraminidase，HN）和大蛋白（large protein，L）（病毒性依赖 RNA 的 RNA 聚合酶，RdRP）（图 1.1，Michael 2011；Munir 等，2013）。和其他麻疹病毒一样，P 基因通过"基因编辑"或者"选择性 ORF 剪切"机制编码 2～3 个非结构蛋白 V、W 和 C（Munir，2014b 和 Michael，2011）。Munir（2014b）和 Michael（2011）对病毒的各基因的功能进行了总结，下一章进行详细介绍。PPRV 的生活周期中，复制和转录的 2 个基本要素是由基因组启动子（基因组的 3'末端）、反基因组启动子（基因组的 5'末端）以及基因间序列调控。目前，对于 PPRV 更倾向于采用哪种复制或转录模式了解不多。鉴于 PPRV 和其他麻疹病毒属病毒的功能相似，对 PPRV 的复制和转录模式也提出了不同的假设（详见第二章）。在不同谱系 PPRV 疫苗株和野毒株的完整基因组序列的基础上（Bailey 等，2005；Muniraju 等，2013；Dundon 等，2014），研究人员依托反向遗传学技术（Hu 等，2012）对 PPRV 的生物学特性以及对不同宿主潜在致病性开展了进一步的研究。

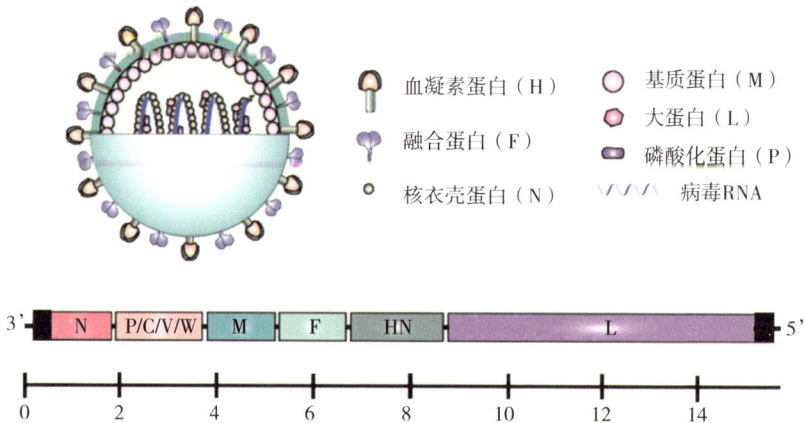

图 1.1　麻疹病毒及其基因组示意图。经 Munir 同意修改（2014b）

在 PPRV 的蛋白质中，HN 蛋白决定了病毒感染的起始，并且通过与细胞受体的相互作用决定病毒的宿主范围。这些细胞受体包括唾液酸、信号淋巴激活分子（signaling lymphocyte activation molecule，SLAM）、绵羊细胞黏附分子 4（ovine Nectin-4）（Pawar 等，2008；Birch 等，

2013）。虽然这些细胞受体在其他几种哺乳动物细胞上也存在，但只有绵羊和山羊是PPRV的自然宿主。目前，PPRV的宿主范围从绵羊和山羊扩大到多种野生动物及骆驼（Kwiatek等，2011；Munir等，2014a）。绵羊、山羊或野生小反刍兽感染PPR的严重程度相当，临床表现差别很大（Lefevre和Diallo，1990；Wosu，1994；Munir，2014a）（详见第三章）。总的来说，感染动物在出现高热和食欲不振症状1～2d后，口腔和呼吸道黏膜出现病变（充血、有清亮或脓性黏液渗出）。病变器官丧失机能，并在感染3d后出现咳嗽、呼吸困难和腹泻等症状。临床症状会进一步恶化，最终会发展为严重肺炎和脱水，非免疫群体在5～10d内致死率可高达到90%。PPR感染宿主的病程、临床症状评分以及病毒在宿主不同器官的分布情况等方面的研究成果较多（Eligulashvili等，1999；Munir等，2013；Pope等，2013）（详见第四章）。研究表明，PPRV的复制水平和致病性与宿主的天然免疫、免疫应答、饲养密度、营养水平、品种、性别以及年龄有关（Munir等，2013）（详见第三章、第四章）。PPRV对上皮细胞和淋巴器官有很强的亲嗜性，因此，感染动物会产生严重的免疫抑制，并发生继发感染（Kerdiles等，2006）。继发感染使PPRV感染的临床结果更加严重。有趣的是，虽然存在免疫抑制和机会性感染，康复动物却能获得终生免疫。

除自然宿主外，PPRV还能感染普通牛以及家养或野生的非洲水牛（Synceruc caffer），但不会引起严重症状。近年来，PPRV也被认为是骆驼科动物和野生小反刍兽（包括瞪羚、蓝牛羚、羊亚科动物）的新发致病性病原。虽然PPRV能够感染野生小反刍兽和骆驼，并且引起严重病症，但这些动物是否会散布和传播病毒以及它们在PPR流行病学中发挥的作用还不清楚（Munir，2014a）。

PPR是有传染性并且能跨界传播的疫病。它的流行区域从撒哈拉沙漠以南的非洲地区迅速扩大到中东、土耳其和印度次大陆。据联合国粮食及农业组织（FAO，2009）统计，全球62.5%的小反刍兽有感染PPR的风险，非洲南部、中亚、东南亚、中国、土耳其和南欧等地区的小反刍兽感染风险最大。近年来，中国、肯尼亚、乌干达、坦桑尼亚、摩洛哥、厄立特里亚和突尼斯等历史无疫国都报告发生了PPR疫情（Banyard等，2010；Cosseddu等，2013；Munir等，2013；Munir，2014b），（详见第五章）。最初基于 F 基因进行 PPRV 的遗传系统发育分析。鉴于 N 基因能更好地描述流行病学态势，N 基因逐渐取代 F 基因用于遗传系统发育分析（Kwiatek 等，2007）。使用 N 基因或者同时使用 N 基因和 F 基因，可将 PPRV 分为 4 个不同的谱系（Ⅰ、Ⅱ、Ⅲ和Ⅳ）。也有研究建议，除了 F 基因和 N 基因，还可结合表面糖蛋白血凝素-神经氨酸酶（HN）进行流行病学分析（Balamurugan 等，2010）。无论基于哪个基因，分类谱系只与地理分布状况有关，与病毒致病力或宿主特异性无关。过去认为Ⅰ系、Ⅱ系和Ⅲ系主要是非洲和中东地区的流行谱系，Ⅳ系仅在亚洲国家流行。但是，（i）Ⅳ系病毒除了继续在亚洲流行外，近年也在一些非洲国家引发疫情（苏丹、乌干达、厄立特里亚、坦桑尼亚、突尼斯和毛里塔尼亚，Banyard 等，2010；Kwiatek 等，2011；Cosseddu 等，2013；Munir 等，2013；El Arbi 等，2014；Munir，2014b；Sghaier 等，2014）。（ii）历史无疫病流行国家发生的 PPR，大多是由Ⅳ系病毒引起的。（iii）之前仅有 1 种谱系病毒流行的国家，现在同时有几种谱系病毒流行，如苏丹和乌干达。新出现的疫情多数是由Ⅳ系病毒引起（Kwiatek 等，2011；Luka 等，2012；Cosseddu 等，2013）（详见第五章）。（iv）仅在野生小反刍兽中分离到Ⅳ系病毒（Munir，2014a）（详见第六章）。这些结果表明，Ⅳ系病毒作为 PPRV 的新谱系，具有替代其他谱系的潜力，很可能在进化上更适应小反刍动物。

目前对 PPR 的流行病学认识更加深入。除了对单个病例的临床症状描述分析外，成熟的血清学和分子检测技术也有助于了解当前疫病流行状况。感染自愈的和接种疫苗的小反刍兽在感染早期（感染后 10d）就能产生很强的抗体，并且终身免疫。因此，在条件有限或没有基因检测仪器的情况下，可以通过检测 PPRV 抗体了解疫病流行情况（Libeau 等，1994）。麻疹病毒属病毒编码 N 蛋白的基因位于基因组中最靠近启动子的一端，因此，N 蛋白表达量最大，并且高度保守。通过高通量筛选获得的 N 蛋白单抗已用于开发 PPRV 诊断和鉴别诊断的酶联免疫吸附试剂（Libeau 等，1994，1995）。目前这些方法已成熟应用于 PPRV 的实验室诊断（详见第八章）。用 PPRV 的 HN 蛋白的单克隆抗体建立了竞争性 ELISA（c-ELISA）和阻断 ELISA（B-ELISA），（Saliki 等，1994；Libeau 等，1995；Singh 等，2004a，b）。由于 HN 蛋白的单克隆抗体是中和抗体，因此，检测 HN 抗体的 ELISA 和病毒中和试验的符合度最高，能够反映宿主的真实免疫状况（Saliki 等，1993；Libeau 等，1995）。此外，除了检测抗体，基于单抗的免疫捕获 ELISA 和双抗夹心 ELISA（s-ELISA）也可用于实验室以及临床样本的病原检测（Libeau 等，1994；Singh 等，2004b）。目前，法国农业发展研究中心（CIRAD）开发的抗原检测试剂盒已经获得了国际认可。虽然这些检测试剂盒在敏感性和特异性方面存在差异，但都在可接受的范围内（Balamurugan 等，2014）。尽管目前有可选并且有效的血清学检测方法，但为了解疫病的流行情况对未免疫动物开展的血清学监测并不多。开展血清学监测对评估疫苗接种策略的有效性至关重要。和根除牛瘟一样，临床监视和血清监测结果是根除计划取得成功的重要标志。

已经建立了检测 PPRV 基因的多种聚合酶链反应（PCR）方法，包括常规 PCR、实时荧光定量 PCR、多重实时荧光定量 PCR 和 LAMP-PCR，这些方法能够检测 PPRV 的基因组，并且不受不同谱系影响。

这些技术主要基于 F 基因（Forsyth 和 Barrett，1995）、N 基因（Couacy-Hymann 等，2002；George 等，2006）、M 基因（Balamurugan 等，2006；George 等，2006）和 HN 基因（Kaul，2004）的保守序列设计。以 F 基因为靶点的常规 PCR 技术已广泛应用于临床标本的 PPRV 基因检测（Forsyth 和 Barrett，1995）。这段基因的长度足够进行病毒的流行病学分析。由于这些引物 3'端碱基会出现错配，因此，这些 PCR 方法不适合进行全谱系病毒的检测。针对 M 基因和 N 基因的 PCR 检测方法可作为替代方法特异性检测绵羊和山羊的临床样品（Shaila 等，1996；Couacy-Hymann 等，2002；Balamurugan 等，2006；George 等，2006）（详见第八章）。尽管这些检测方法有很高的特异性和敏感性，但不能区分不同谱系病毒，而对于多谱系 PPRV 同时流行的国家，鉴别检测非常重要（详见第五章、第九章）。此外，还需要能够在共感染的情况下将 PPRV 与表现相同临床特征的疫病进行鉴别诊断的方法。目前，病毒分离并不是一个能被广泛采用的 PPRV 检测方法。最新研究发现，PPRV 可以在表达 SLAM/CD150 受体的细胞系中高水平复制（Adombi 等，2011）。另外，研究还发现阿尔卑斯山羊对 PPRV 摩洛哥分离株高度敏感（Hammouchi 等，2012），将来可作为动物模型。

PPRV 感染宿主免疫反应的相关研究取得了一些进展，包括天然免疫和获得性免疫（Munir 等，2013）。体液免疫和细胞免疫发挥的保护作用是评价疫苗的基础，也是复制型和非复制疫苗开发的基础。N 蛋白和 HN 蛋白的 B 细胞和 T 细胞抗原表位可用来构建区分自然感染动物和疫苗接种动物（DIVA）的疫苗（Hu 等，2012）。随着反向遗传技术的成熟应用，越来越多的研究开始专注 DIVA 疫苗的开发（详见第十章）。在提供长期保护的异源疫苗（以牛瘟病毒为基础的）的基础上，同源 PPRV 疫苗也已开发出来。1980 年，研究人员成功构建了一次免疫就能获得终身免疫的高效同源疫苗（Diallo，2003）。目前，已有多种同源疫苗，并且都能为免疫动物提供终身保护，这为疫病防控奠定了基础。研究证明，同源标记疫苗和亚单位疫苗也有效，并且多价疫苗也在开发中（详见第十二章）。大部分疫苗在一次接种后就能提供终身保护（6 年的保护期对于生命周期只有 4～6 年的小反刍兽来说）。但是，这些疫苗的耐热性很差（重悬后 37℃ 条件下，2～6h 效力就会减少 1/2），这个问题在疫病流行的热带国家显得更加突出。一些研究成功的增加了疫苗的热稳定性（冻干状态在 45℃ 条件下可保持稳定 5～14d，重悬状态在 37℃ 条件下稳定保存 21h）（Worrall 等，2000；Silva 等，2011）。这些热稳定性的改进满足了没有冷链的偏远地区小反刍兽疫疫苗的运输问题。但是，这些疫苗还没有商品化。总之，目前对 PPRV 疫苗的保护水平、免疫持续时间、抗原性和热稳定性等方面已经有了一定了解。尽管理论上疫苗数量很充足，但对于疫病流行的国家还需要保证疫苗的国内生产供应并且易于获得。

PPRV 对贸易、出口、进口，特别是从疫区到无疫区进口新品种动物等方面带来的经济影响，还需要进一步深入研究。使用公共基金也应当优先考虑。由于山羊和绵羊的经济转化效率比大型反刍动物明显要低，疫病控制和研究方向选择也需要进行成本效益分析（详见第十二章）。

根据区域疫病监测结果，每年对易感群体(5 月龄以上羊)进行免疫，每 3 年对所有小反刍动物进行地毯式免疫、阶段性脉冲免疫、边界地区建立免疫带以及实施有效的血清学监测等措施对全球控制 PPR 至关重要。此外，亚洲和非洲大陆国家应结合各自的优势，推动控制和根除运动，同时在联合国粮农组织、世界动物卫生组织或者全球小反刍兽疫研究联盟（GPRA）等国际力量的指导下，加快实现全球 PPRV 根除目标（详见第十三章）。

1.2 结论

目前，PPRV 的分子生物学特性的相关研究还不够，还需要在病原与宿主相互作用、PPRV 和其他麻疹病毒差异等方面加大研究。这些研究将有助于了解 PPRV 的宿主特异性以及将来可能扩大的宿主范围，在目前 PPRV 感染宿主已扩大到骆驼，也有从狮子分离到病毒的报告，这些研究对疫病控制非常重要。控制 PPR 流行能够缓解疫病流行地区的贫穷状况。在 PPR 流行病学方面，气候条件相关的传播动力学等流行病学特征研究还需要加强。在易感宿主方面，野生动物和骆驼疫情的发生，使疫病的传播更受关注。PPR 的感染结果受多种因素影响，对于遗传或非遗传影响因素的研究也开始起步。从疫病流行范围来看，PPR 的流行范围不断扩大，并且主要是由 Ⅳ 系病毒引起，但 Ⅳ 系病毒为什么更适应还需要进一步的功能研究成果来证实。研发和使用 PPR 和其他有相似临床症状疫病的鉴别诊断方法有助于了解疫病在特定地区的流行和传播情况。目前，还缺乏鉴别不同谱系 PPRV 的实时荧光定量 PCR 方法，这种鉴别方法对同时流行不同谱系的国家非常需要。

总之，虽然全球范围内已经根除了牛瘟，但 PPRV 和牛瘟病毒不同，小反刍动物不同于大型反刍动物，PPR 的防控和根除还有很长的道路要走。

第二章　小反刍兽疫病毒的分子生物学

Michael D. Baron

摘要：PPRV 是单股负链 RNA 病毒，基因组长度为 15 948 个核苷酸，包含 6 个基因。本章阐述了 PPRV 基因组的结构、功能及其编码的 6 个结构蛋白和 3 个非结构蛋白。尽管针对 PPRV 的研究有限，依托其他麻疹病毒的研究成果也从分子层面推测了病毒的生命周期。此外，病毒和宿主细胞之间的相互作用还有很多问题，特别是影响病毒宿主范围的因素，还需要进一步研究。

2.1　引言

PPRV 属于麻疹病毒属，与麻疹病毒（MV）、犬瘟热病毒（CDV）、海豹瘟热病毒（PDV）和牛瘟病毒（PRV）密切相关。麻疹病毒属属于副黏病毒科副黏病毒亚科。鼠海豚、海豚和鲸目感染麻疹病毒（PMV、DMV、CMV）被列为鲸豚目瘟热病毒。图 2.1 为基于病毒核衣壳蛋白（N）基因序列绘制的麻疹病毒系统发育树。系统发育树显示了 PPRV 和其他同属病毒的关系，以及 PPRV 的年龄及进化时间。尽管 1979 年 PPRV 才被确认为独立的病原体，有时还被归为"新发"病毒（Gibbs 等，1979），但 PPRV 和麻疹病毒以及牛瘟病毒是从共同的祖先进化而来，同样经历了漫长的进化过程。鉴于麻疹病毒从共同的祖先进化分离出来至少有 1000 年的历史，PPRV 至少也存在了数百年，只是随着分子生物技术发展，才将其和牛瘟病毒分开，确认为独立的病原体。

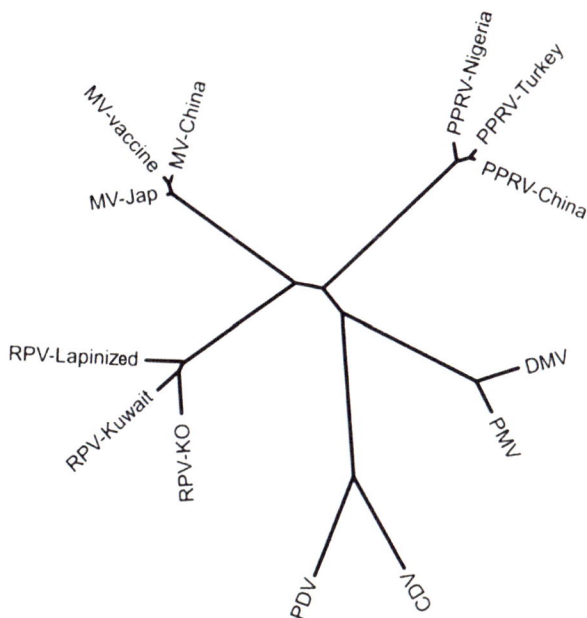

图 2.1 基于麻疹病毒 N 基因序列绘制的系统发育树。使用 MEGA4 软件进行分析（Tamura 等，2007）。序列间的进化距离使用最大似然法计算得出（Tamura 等，2004）。进化距离决定了发育树的分支长度。评估数据如下：PRV-KO（Kabete"O"strain），NC_006296；RPV-Kuwait，Z34262；RPV-Lapinized，E06018；MV-Jap，NC_001498；MV-vaccine，K01711；MV-China，EU435017；CDV，NC_001921；PDV，X75717；DMV，NC_005283；PMV，AY949833；PPRV-China，FJ905304；PPRV-Turkey，NC_006383；PPRV-Nigeria，X74443

2.2 病毒粒子

　　PPRV 是相对新确认的病毒，其对畜牧业的危害也在近 15 年才凸显出来，相应的研究重点也才从更受关注的牛瘟病毒转到 PPR 上，因此，病毒的分子生物学研究成果并不多。但是，由于麻疹病毒属病毒之间的相似度大，因此，可以从其他同属病毒的研究成果中得到很多推论。同其他副黏病毒科病毒一样，麻疹病毒属病毒的基因组也是单股负链 RNA。目前，没有较好的 PPRV 电镜照片，但推测和副黏病毒相似，在 Viral Zone 网站可查到非常好的示意图（Viral Zone，2010）。PPRV 呈多形性，有囊膜。病毒粒子直径在 200～700nm，和牛瘟病毒类似（Plowright 等，1962；Tajima 和 Ushijima，1971）。病毒核衣壳包含多拷贝核蛋白（N）包裹的病毒基因组，螺旋形排列，电镜下呈典型的"人"字形。核衣壳可以保护病毒基因组不被微球菌核酸酶等核酸内切酶剪切。PPRV 基因组长度为 15 948nt（Bailey 等，2005），综合考虑空间和遗传因素，每个 N 蛋白可以结合 6 个基因组核苷酸（见下文），那么，每个 PPRV 基因组需要和 2 650 个 N 蛋白结合。对核衣壳螺旋的螺距和直径的分析表明（Bhella 等，2004），每一圈螺旋有 13 个以上 N 蛋白，因此，病毒 1 个基因组需要 200 圈以上的核壳螺旋。几种不同的副黏病毒电镜结构显示，单个副黏病毒可以容纳不止一个衣壳化形式的病毒基因组（Loney 等，2009；Baron，2011），利用这种特性，可以构建重组麻疹病毒，使每个感染单位中包括 2 个完整的基因组（Rager 等，2002）。

2.3 基因组结构

PPRV 与其他麻疹病毒一样，病毒基因组只有是 6 的倍数时，才能有效复制（Bailey 等，2005）。在研究仙台病毒（Calain 和 Roux，1993）时，人们首次发现这种特性，并将其命名为"六碱基规则"。之后研究人员发现大部分副黏病毒亚科病毒都适用这一规则。PPRV 基因组有 6 个基因或转录单位，启动子序列〔也就是说，病毒 RNA 依赖性 RNA 聚合酶（RdRP）的结合位点〕仅在基因组（Genome Promoter，GP）和反基因组（AntiGenome Promoter，AGP）的 3'端。病毒基因组编码核衣壳蛋白（N）、磷酸化蛋白（P）、基质蛋白（M）、融合蛋白（F）、血凝素蛋白（H）以及大蛋白（L，即病毒的 RdRP）。P 基因编码 3 个非结构蛋白：V、W 和 C。PPRV 的转录控制元件的位置和蛋白质编码序列的排列如图

2.2 所示。

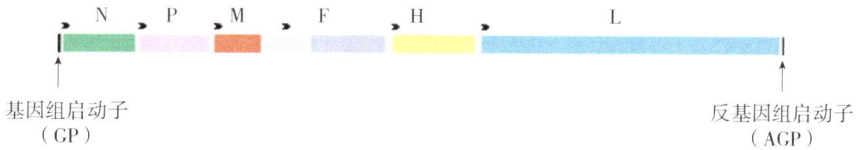

图 2.2　PPRV 基因序列。蛋白编码序列（彩色的）排列。示意图显示了启动子（黑色）和非翻译区（UTRs，灰色）。箭头代表每个基因的转录起点

　　各个基因之间的连接处有 1 个相对保守的基序（3'-T^{C}AA^{TG}TNT^{C}T^{TG}TTTTGAATCC^{TC}-5'），GP 和 N 蛋白之间以及 AGP 和 L 蛋白之间也有相似序列。GAA 基序之前的序列标记 1 个转录单位的末端，并充当病毒 mRNA 的多聚腺苷酸化信号，而 GAA 之后的序列是下一个 mRNA 转录物的 5'末端。GAA 仅在全长反基因组 RNA 中转录，而在正常病毒 mRNA 中不出现。推测病毒的 RdRP 在 mRNA 转录模式时，以某种方式识别这些序列，随后在转录单位起点开启 mRNA 转录（包括加帽），并在适当的位置终止转录，给 mRNA 加上 poly（A）尾巴。作为 GP 和 AGP 的序列都非常短，分别有 52 个碱基和 37 个碱基。这些并不是转录和复制所需的最短序列。对微型基因组的研究发现（除启动子外，几乎去除了所有病毒基因组序列，用包含报告基因编码序列的单个转录单位替换），基因组末端大约有 100 个碱基至关重要（Bailey 等，2007）。从其他副黏病毒的研究数据发现，在转录的第一个和最后一个基因中很显然还有另一个转录必需的序列元件，即"B-Box"（Blumberg 等，1991）或"CRII"（Murphy 和 Parks，1999）。这个基序在基因组/反义基因组 3'末端 79～96 位核苷酸的区域。考虑到病毒核衣壳每圈螺旋大约有 13 个 N 蛋白（Bhella 等，2004），每个 N 蛋白大约包含 6 个核苷酸，因此，每圈螺旋大约有 78 个碱基核苷酸，因此，该基序与 GP 或 AGP 的 3'端高度保守的 18～20 位碱基序列位于核衣壳的同一侧，并可能代表病毒 RdRP 的扩展结合位点。

　　大多数麻疹病毒的基因在编码区和非编码区的长度上都表现出很高的保守性，但对于 F 基因而言，还不是很确定是否有这样的保守性。简单的 F 基因序列实验表明，开放阅读框可以从 86～634 之间的任意位置开始。此外，在某些情况下，第 1 个起始密码子是一个短的、非保守的

ORF 的转录起始点，而第 2 个或第 3 个 AUG 才是 F 蛋白 ORF 的开始（图 2.3a）。和其他麻疹病毒属病毒或者和其他病毒比较发现，推测 PPRV 的 F 蛋白的氨基末端一直到Ⅰ型膜锚定蛋白信号肽序列之间的序列和长度上非常多变，而下游区域却非常保守（图 2.3b），这部分区域的功能目前还不清楚。去除保守的 ORF 病毒序列上游能明显提高 F 蛋白在牛瘟病毒和麻疹病毒中的表达。这些序列似乎在 PPRV 复制中充当翻译增强子的角色（Chulakasian 等，2013）。有研究表明，不考虑 F 蛋白 ORF 上游的序列，用 PPRV 的 F 蛋白 ORF 下游的序列取代牛瘟病毒的

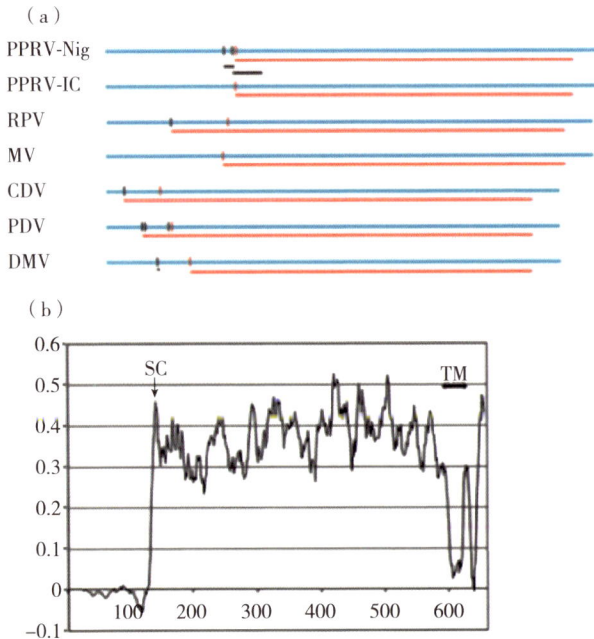

图 2.3　a. 麻疹病毒属病毒的 F 基因中的开放阅读框（ORFs，显示为蓝色）。示意图显示了 PPRV 2 种毒株［Nigeria/75（PPRV-Nig）和 Ivory Coast/89（PPRV-IC）］以及 RPV、MV、CDV、PDV 和 DMV 的开放阅读框（从 AUG 密码子开始运行到下一个框内终止密码子）。包含 F 蛋白序列的 ORF 显示为红色；替代 ORFs 显示为黑色。潜在起始翻译密码子在基因上标注为（｜）。b. 麻疹病毒 F 蛋白序列保守性。箭状标记显示了信号酶裂解（SC）所在的位置，膜锚着点位置显示为 TM。通过 EMBOSS 计算得出每个位置的序列的保守程度。PPRV：小反刍兽疫病毒；ORPV：牛瘟病毒；MV：麻疹病毒；CDV：犬瘟热病毒；PDV：海豹瘟热病毒；DMV：海豚麻疹病毒

相同序列，能够产生完全有活力的病毒（Das 等，2000）。信号序列上游的蛋白质序列显然可以被剪掉，就像在蛋白质合成过程中从成熟蛋白质上切割下来的肽一样。目前还不清楚这段蛋白是在病毒复制期间额外合成的，还是从下游起始合成的一段序列，或者是不同的病毒会出现不同的情况。

M 蛋白的 ORF 末端到 F 蛋白已知功能区 ORF 之间的基因组序列的确切作用（如有）尚待确定。M 基因 3' 末端超长的非翻译区（UTR）加上 F 蛋白编码序列之前（通常情况下）长的 5'UTR，意味着在病毒基因组中间有一个超过 1kb 的未翻译序列区。有研究提出，这个长的 UTR 调控 F 的表达，这种调控机制和病毒的致病力密切相关（Takeda 等，2005；Anderson 和 von Messling，2008）。麻疹病毒属的几种病毒在该区域的 GC 含量很高，可能会形成局部茎环，从而影响转录或翻译。然而，这个区域 GC 含量高的病毒（RPV、PPRV 和 MV）与其他病毒（CDV、PDV 和 DMV）相比，M 基因和 F 基因在结构上没有明显不同，长的 UTRs 在功能上也没有显著差异。就牛瘟病毒来说，UTR 的 2 个部分都可以从疫苗株中去除，而不会影响病毒的生长或 F 蛋白的表达（T. Barrett 和 M. D. Baron，未发表）。如果主要翻译起始点并不总是第一个可用的起始密码子这一假设成立，那么，在某些情况下必定有一种机制使核糖体跳到实际使用的起始密码子。F 基因 5'UTR 没有内部核糖体进入位点（IRES）功能（Evans 等，1990），但还是可以使核糖体越过一些序列起始翻译，与仙台病毒 P 基因中的序列相同，在基因内部 ORF 开始翻译，产生 C 蛋白（Latorre 等，1998）。

2.4　病毒 RNA 的转录和复制

和所有单股负链 RNA 病毒一样，PPRV 的 RdRP 有 2 种模式，复制模式和 mRNA 转录模式。当处于 mRNA 转录模式时，聚合酶识别基因起始和基因终止信号，给每个基因加帽和加尾。当处于复制模式时，这些信号都不再被识别，并且转录过程持续整个基因组/反义基因组的长度。目前区分这 2 种模式的数据还比较少。2 种模式之间存在一些重叠：对麻疹病毒转录产物的早期研究表明，除了全长基因组和预期的 mRNA 外，还观察到了其他具有 mRNA 特征的转录本（Barrett 和 Underwood，1985；Hirayamaet 等，1985；Yoshikawa 等，1986）。它们被推定为通读转录产物，即双顺反子 mRNA。本质上，它们是病毒 RdRP 未能在基因末端信号处终止并继续以复制模式延续；这些 mRNA 仅上游基因被翻译（Wong 和 Hirano，1987；Hasel 等，1987）。2 种转录模式似乎具有不同的启动子要求，因为副黏病毒的 GP 可以启动 2 种模式的转录，而 AGP 仅支持复制模式转录的起始。麻疹病毒属病毒启动子的差异以及基因组和 mRNA 转录的确切序列要求还不明确。最初推测是复制模式需要足够的 N 蛋白来实现病毒特征性的共转录衣壳化（Kingsbury，1974；Lamb 和 Kolakofsky，1996）。麻疹病毒属病毒的这方面研究工作不多，但对副黏病毒属呼吸道合胞病毒（RSV）的研究发现，2 种转录方式之间的平衡不受 N 蛋白水平影响（Fearns 等，1997）。对 MV 和 RPV 的研究表明，即使在 mRNA 转录模式下，转录也从基因组的 3'末端开始（Horikami 和 Moyer，1991；Ghoshet 等，1996）。也有研究表明，牛瘟病毒的 C 蛋白对于有效的基因组转录本合成是必不可少的（Baron J. 和 Baron M. D.，未发表），而 P 蛋白的磷酸化也是复制模式 RNA 转录所必需的（Kaushik 和 Shaila，2004；Raha 等，2004b；Saikia 等，2008）。RdRP 转录起始使用单启动子会导致基因转录（mRNA 合成）必须始终以相同的顺序发生，从 N 基因开始，在每个基因的末端，添加 1 个 poly（A）尾巴，然后启动下一个 mRNA 的转录。如果这种情况每次 100% 的发生，那么，每种病毒的量应该都是相同的。但是，对麻疹病毒研究发现，病毒 mRNA 的相对水平并不相同，水平与基因在基因组中位置有关。

来自基因组 3'端（最接近启动子）的基因的 mRNA 水平比远处基因高（Cattaneo 等，1987；Schneider-Schaulies 等，1989）。

因此，推测在每个基因末端都存在特定机制，即聚合酶会分离并且无法在下一个基因处启动。每个基因连接处重新启动的频率也各不相同（Rennick 等，2007）。因此，可以推测，在每个基因末端聚合酶有一定概率会从基因上分离下来，从而不启动下一个基因的转录（Rennick 等，

2007）。从其他副黏病毒的研究结果推测，重新起始的概率和频率也随连接序列而变化（Kato 等，1999；He 和 Lamb，1999；Rassa 和 Parks，1998），这可能代表了一种调节转录水平的方法，以更好地控制每种病毒蛋白的相对水平。

同其他麻疹病毒一样，PPRV 也有从 P 基因开始的共转录现象（Cattaneo 等，1989；Baron 等，1993；Blixenkrone-Möller 等，1992；Haas 等，1995；Mahapatra 等，2003）。首先在麻疹病毒中发现了这种机制（Cattaneo 等，1989），麻疹病毒的 P 基因 mRNA 转录本位于 ORF 框大约中间的位置特定的编辑位点，会插入 1 个或多个 G 基因残基。这一编辑过程与病毒 mRNA 加 poly（A）尾的机制类似，通过在每一个基因末尾重复转录 Ts 的短序列，使病毒 RdRP 某段基因重复转录（Vidal 等，1990a，b；Hausmann 等，1999）。在 mRNA 翻译过程中，在编辑位点插入的多余核苷酸会导致移码，从而根据插入的核苷酸数产生不同的蛋白质：P 蛋白（无插入），V 蛋白（插入 1 个 G）或 W 蛋白（插入 2 个 Gs）（图 2.4）。插入 3 个核苷酸会再次产生 P 蛋白（带有额外的甘氨酸）。这 3 种蛋白质共享 P 蛋白序列的前 231 个氨基酸，羧基末端序列不同（见下文）。

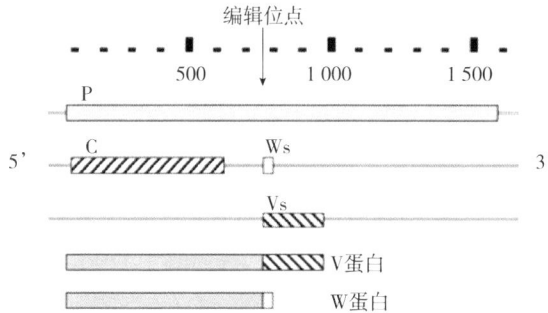

图 2.4　PPRV P 基因中使用的开放阅读框。显示了 P 基因的 4 个衍生蛋白。C 蛋白相对于 P 蛋白 ORF 以 ORF +1 编码，并且可以从所有 P 基因 mRNA 进行翻译。V 蛋白特异性（Vs）序列在 ORF +2 中编码，V 蛋白从已在编辑位点插入 1 个额外 G 的 mRNA 进行翻译（箭头所示）。在此位点插入 2 个 Gs 产生 W 蛋白，其中 P / V 共享域后接以 +1 ORF 编码的 W 蛋白特异性（Ws）序列

2.5 病毒蛋白质结构和功能

尽管 PPRV 只有 6 个基因，但它能编码 9 种不同的蛋白质。通过对 P 基因进行共转录"编辑"，并利用 P 基因转录中的 2 个可选阅读框，可以从 P 基因中产生 3 种不同的蛋白质，这是有效利用遗传物质的一个典型例子。病毒蛋白大致可分为 3 个功能组，与核衣壳相关的功能组（N、P、L），与病毒囊膜相关的功能组（M、F、H）和非结构蛋白（C、V、W）。对麻疹病毒属病毒的蛋白质结构和功能的多数知识都是来源麻疹病毒的研究成果。因为，操作 PPRV 在一些国家受到限制，而麻疹病毒是重要的人类病原体，相关研究较多。由于麻疹病毒属病毒的蛋白具有很高的序列相似性，因此，根据已知病毒来推测同属中未知病毒的结构和功能比较合理。

2.5.1 N 蛋白

N 蛋白是最常见也是病毒中含量最多的蛋白。在感染细胞中的含量很高（Sweetman 等，2001）。PPRV 的 N 蛋白由 525 个氨基酸组成，它和其他的 N 蛋白以及 P 蛋白直接相互作用（Huber 等，1991；Bankampet 等，1996）。蛋白质的 N 末端的 398 个氨基酸在麻疹病毒属病毒中高度保守。单独表达这部分，也能包装成核衣壳样结构，因此，推测这部分形成核壳的螺旋形核心（Bankamp 等，1996）。对麻疹病毒的研究显示，N 末端的 375 个氨基酸是蛋白质自我组装最少数量；内部剪切会阻止蛋白的自我组装（Bankamp 等，1996）。N 蛋白和 P 蛋白的相互作用分为 2 种：稳定的等摩尔 N-P 复合物，需要 N 蛋白的核心区以及 C 末端一起参与（Bankamp 等，1996）。在复制转录模式下，P 蛋白和 L 蛋白一起，与 N 蛋白寡聚物相结合（Kingston 等，2004a，b）。在另一种相互作用的形式中，大量的 N 蛋白形成核衣壳寡聚体，利用 N 蛋白的 C 末端的内在无序结构和 P 蛋白的 C 末端的三螺旋结构相互作用，形成 N-P 蛋白复合物（Johansson 等，2003）。结构研究显示，N-P 蛋白的相互作用可能是多位点的相互作用（Longhi 等，2003；Bourhis 等，2005），也可能是 1 个短位点的相互作用（Kingston，2004a，b；Yegambaram 和 Kingston，2010）。

麻疹病毒属病毒的 N 蛋白 C 末端也和宿主的 hsp72 相互作用（Zhang 等，2005）。hsp72 是热休克蛋白 hsp70 家族的主要成员。这 2 个蛋白的相互作用对病毒的转录是必需的（Zhang 等，2002）。这个研究结果也解释了为什么在热激或者其他细胞学压力下培养麻疹病毒属病毒时，病毒的复制能力会上升（Oglesbee 等，1993，1996；Parks 等，1999；Vasconcelos 等，1998）。

2.5.2　P 蛋白

P 蛋白是第一个发现与核蛋白 N 相互作用的高度磷酸化的蛋白质（Robbins 和 Bussell，1979）。尽管麻疹病毒属病毒的 P 蛋白比较小（506～509 个氨基酸），分子量约为 55ku，但它在 SDS-PAGE 电泳时移动非常慢（Bellini 等，1985；Diallo 等，1987）。这主要是由于 P 蛋白中富含的丝氨酸和苏氨酸的磷酸化引起的。P 蛋白在麻疹病毒属病毒中的蛋白含量排在第 2 位，主要有 2 个功能：一是作为病毒 RdRP 的结构亚基，与 N 蛋白相互作用，使聚合酶在基因组上移动。另一个功能是伴侣作用，阻止 N 蛋白的无序自组装，以提供初期病毒基因组组装的 N 蛋白需要。P 蛋白可以和 N 蛋白及 L 蛋白牢固结合，也能自身形成聚体。交叉偶联试验表明，牛瘟病毒的 P 蛋白能够形成四聚体（Rahaman 等，2004）。

共表达 P 蛋白和 N 蛋白阻止了 N 蛋白的自组装，并改变了核衣壳状细丝的密度（Spehner 等，1997）。P 蛋白的 N 末端和 C 末端都参与了和 N 蛋白单体的相互作用（Harty 和 Palese，1995；Shaji 和 Shaila，1999）。但也有研究表明，只有 P 蛋白的氨基末端的结合位点和 N 蛋白单体相互作用（Tober 等，1998）。研究认为，在病毒复制过程中，P 蛋白调控了 N 蛋白的组装，防止其自发寡聚，使它们可用于组装成合适的核衣壳，这一理论已经在仙台病毒中得到了验证（Curran 等，1995）。有意思的是，有研究发现，P 蛋白似乎仅需要 C 末端的约 50 个氨基酸和核衣壳

（N 蛋白-RNA）相互作用（Johansson 等，2003；Kingston 等，2004a）。该区域形成三螺旋盘绕的螺旋结构，与 N 蛋白的 C 末端结合（Johansson 等，2003；Kingston 等，2004a）。

P 蛋白的 N 末端没有 C 末端保守，除了作为 N 蛋白组装的伴侣分子以外，其他功能未知。由于编辑位点的位置，这一部分是 P、V 和 W 蛋白共有的部分。由于 C 蛋白的编码序列包含在此区域 P/V/W 编码序列＋1 阅读框内，因此，C 蛋白的特异性序列可能导致不同的麻疹病毒属病毒之间的（重叠）P／V／W 编码序列有很大的变化。

P 蛋白和 L 蛋白的相互作用研究不多。P 蛋白可能增加了 L 蛋白的稳定性（Horikami 等，1994；Chattopadhyay 和 Shaila，2004）。P 蛋白和 L 蛋白形成复合物才能成功共表达（Raha 等，2004a）。研究发现，P 蛋白与 L 蛋白的氨基末端的 500 个氨基酸结合，而同一结构区域还负责 L-L 二聚化，但不同的氨基酸参与这 2 个过程（Cevik 等，2004）。在聚合酶沿着核衣壳移动的过程中，P 蛋白似乎充当了聚合酶的"腿和脚"（Yegambaram 和 Kingston，2010；Kingston 等，2004b）。但其细节还需要进一步的研究。

2.5.3　L 蛋白

L 蛋白是病毒 RdRP 的酶功能亚基。它是麻疹病毒属病毒中非常大的蛋白质，长度为 2 183 个氨基酸，分子量在 250 ku 左右。L 蛋白的主要功能是 RNA 依赖性 RNA 聚合酶活性（Tordo 等，1988；Poch 等，1989，1990），目前已知的与聚合酶相关的所有基序都能够在 L 蛋白中找到（Blumberg 等，1988；Baron 和 Barrett，1995；Muthuchelvan 等，2005）。另外，单股负链 RNA 病毒目病毒都有的加帽功能基序在 L 基因上也有（Ferron 等，2002），因此，L 蛋白很可能有 mRNAs 加帽功能。mRNAs 的 polyA 的结构很可能是每个基因末端的一小段 T 残基被聚合酶"口吃"或重复复制每个基因末端的短的 T 残基来形成的。由于 L 蛋白比较大，很可能也参与到其他的功能中，但还有待进一步研究。

除了 2 个非常短的被定义为"铰链"的结构不保守以外，L 蛋白的整个序列都比较保守（McIlhatton 等，1997）。"铰链"结构主要连接不同的功能结构区域。在第 2 个"铰链"区插入绿色荧光蛋白 GFP，不影响 L 蛋白的功能。但在第 1 个"铰链"区插入 GFP，L 蛋白功能则会丧失（Duprex 等，2002）。可见，第 1 个和第 2 个功能域可能对物理构象要求更严格，但第 2 个功能域和第 3 个功能域之间，柔韧度更大一些。插入 GFP 的重组 RPV 病毒能够在组织培养中正常生长，但在体内的毒性降低（Brown 等，2005b）。与聚合酶功能相关的基序在 3 个功能域中都存在，表明了 L 蛋白能以一个单独的功能单位起作用。尽管 L 蛋白也有多聚体形式（Cevik 等，2004），但是否以单体或者聚体的形式行使功能，目前还需要进一步研究。

如上文提及的一样，L-L 相互作用的形式或者 L-P 的形式都是和 L 蛋白的 N 末端序列相关。研究还发现非结构蛋白 C 和 L 蛋白也相互作用（Sweetman 等，2001），主要与功能域 2 结合（Baron J. 和 Baron M. D.，未发表数据）。麻疹病毒属病毒的 C 蛋白和病毒的转录有关，这部分内容将在 C 蛋白功能中详细介绍。目前研究发现，牛瘟病毒的 L 蛋白和宿主的 striatin 蛋白相互作用（Sleeman 和 Baron，2005）。striatin 蛋白是蛋白酶 C（PKC）复合物的组成部分。striatin 或 PKC 在病毒 RNA 转录中的作用，以及其他宿主蛋白在 PPRV 转录中的功能还需要进一步研究。

2.5.4　核蛋白核心(N-P-L)

病毒基因组 RNA 的复制和/或转录需要所有 3 个核心蛋白（N、P、L）（Sidhu 等，1995；Baron 和 Barrett，1997），在分离的或合成的核衣壳中的病毒基因组转录需要共表达 L ＋ P 和 N ＋ P 复合物（Raha 等，2004a）。有意思的是，尽管在麻疹病毒属病毒中，N、P 和 L 都具有很高的同源性，尤其是参与 N-P、P-L 相互作用的蛋白区域同源性很高，但在同属中，将同源性高的区域进行互换，则不能形成有功能的最小复制单位（Brown 等，2005a）。这一研究结果表明，核心蛋白之间的相互作用是复杂的，在病毒进化过程中，病毒基因组发生了特异性的改变，因此，除非是一组共同进化的蛋白质，否则，不能很好地协同工作。尽管有这些限制，将 N 蛋白换成 PPRV 的 N 蛋白的牛瘟嵌合病毒不仅能够存活，而且和父代病毒在组织培养中的生长速率一样（Parida 等，2007）。这个研究结果表明了 RNA 转录不是病毒生长的限速步骤。病毒的转录还需要宿主蛋白。纯化的牛瘟病毒核衣壳不能有效进行 RNA 合成，有效的全长 RNA 合成还需要细胞质提取物或者纯化的宿主细胞蛋白，如微管蛋白 tubulin（Moyer 等，1990），或微管相关蛋白（MAPs）（Baron J. 和 Baron M. D.，未发表）以及 hsp70 家族蛋白（Oglesbee 等，1996）。

2.5.5　基质蛋白(M)

麻疹病毒属病毒 M 蛋白的功能还不十分清楚。M 蛋白很可能在病毒组装，特别是出芽过程起作用。尽管病毒出芽过程中需要病毒粒子被运输到出芽部位，并且在此聚集，但在缺失糖蛋白的情况下，M 蛋白也能直接和细胞膜相互作用（Manie 等，2000；Riedl 等，2002）。M 蛋白在抗去污剂的细胞膜碎片中被发现，并且在细胞中单独表达 M 蛋白能够导致病毒样膜囊泡出芽（Pohl 等，2007）。M 蛋白与糖蛋白相互作用，F 蛋白和 H 蛋白在细胞出芽位点的聚集需要 M 蛋白（Naim 等，2000）。这些病毒之间的相互作用在病毒粒子的出芽以及接下来的融合中具有非常重要的意义。因此，替换成 PPRV 的糖蛋白的 RPV 嵌合病毒仍然能存活，但生长速度非常慢（Das 等，2000）。进一步替换 PPRV 的 M 蛋白，生长速度能获得很大的改善（Mahapatra 等，2006）。M 蛋白主要和 F 蛋白的胞质尾相互作用（Cathomen 等，1998a；Naim 等，2000，Moll 等，2002）。在适应 Vero 细胞的麻疹病毒中，发现了与 H 蛋白胞质尾部相互作用的增强突变（Tahara 等，2005，2007），同时，促进了病毒从 Vero 细胞中的出芽，降低了通过正常病毒受体（SLAM）的感染。这些发现表明，病毒与宿主细胞内膜的复杂的相互作用导致了出芽。尽管一些只有 F 蛋白表达的病毒样粒子也能出芽，但 M 蛋白目前被认为是病毒出芽的主要驱动力（Pohl 等，2007）。不含 M 蛋白基因的重组麻疹病毒能够生长，但病毒的出芽被严重的干扰（Cathomen 等，1998a）。

M 蛋白也和 N 蛋白相互作用，阻止核衣壳中的 RNA 的转录（Suryanarayana 等，1994；Iwasaki 等，2009；Reuter 等，2006），使核

衣壳和宿主细胞膜相互作用（Iwasaki 等，2009；Runkler 等，2007）。因此，它提供了连接病毒囊膜蛋白（糖蛋白 F 和 H）和核蛋白（N-P-L）之间的桥梁。利用细胞松弛素 B 分解细胞微丝会抑制了麻疹病毒的出芽（Stallcup 等，1983），表明核衣壳可能通过肌动蛋白丝运送到细胞膜表面。也有报道，肌动蛋白和整个核衣壳相互作用（Moyer 等，1990）。不同于丝状病毒的直系同源蛋白质 VP40，麻疹病毒属病毒的 M 蛋白并不利用内吞体分选复合物（ESCRT）完成出芽（Salditt 等，2010）。

2.5.6　融合蛋白（F）

从蛋白的命名可以了解到，该蛋白主要负责病毒囊膜与宿主细胞膜的融合，将核衣壳释放到宿主细胞质中。在感染细胞的表面表达 F 蛋白，能够使感染细胞和相邻细胞融合，形成多核合胞体，使病毒核衣壳在无须形成病毒粒子的情况下感染另一个细胞。多数研究发现，有效融合需要在同一细胞上共同表达 F 蛋白和 H 蛋白（Wild 等，1991；Heminway 等，1994）。但也有研究表明，PPRV 的 F 蛋白能够单独诱导细胞-细胞的融合（Cathomen 等，1998a；Tahara 等，2007）。M 蛋白和 2 种表面糖蛋白的同时表达限制细胞间的融合（Cathomen 等，1998a；Tahara 等，2007）。麻疹病毒糖蛋白胞质尾部的改变可以增加细胞间的融合，很可能是因为突变抑制了糖蛋白和 M 蛋白的相互作用（Cathomen 等，1998b）。

F 蛋白是 I 型膜蛋白，有多个糖基化位点。如 2.3 所述，病毒感染的实际起始翻译点并不清楚，假设使用 F 蛋白 ORF 的第 1 个起始密码子，翻译的蛋白质有长度不定，有不保守的前导肽，并且除 PPRV 外均以经典的（von Heijne，1983）疏水信号序列和信号肽切割位点终止。就 PPRV 而言，F 蛋白保守起始序列的上游有一段相对较短的序列，该序列不符合信号酶切割位点的要求，因此，很可能和其余蛋白保持连接（von Heijne，1983）。麻疹病毒 F 蛋白从切割位点开始，序列高度保守（Buckland 等，1987；Evans 等，1994；Meyer 和 Diallo，1995）。信号酶切割位点下游的蛋白 F0 被加工成成熟蛋白，经过翻译后切割，形成以二硫键连接的 F1-F2 异二聚体形式。F2 肽（氨基末端）通过翻译后的切割分离，使较大的 F1 肽的氨基末端的疏水融合结构域暴露，也包括了羧基末端的膜锚定区域和胞质尾。麻疹病毒属病毒的 F 蛋白的切割位点具有 R-RX-（R / K）-R-cut 模式，类似于弗林蛋白酶共有 R-X-X-R 模式。对细胞中弗林蛋白酶进行抑制（Watanabe 等，1995）或者将基序中最后一个 Arg 突变成 Leu（Alkhatib 等，1994a），会抑制合胞体的形成（细胞-细胞融合）和感染性病毒的释放，这表明 F0 的切割通常由弗林蛋白酶进行，这种切割对于蛋白质的融合功能至关重要。

F 蛋白有 3 个高度保守的 N-连接糖基化位点（Meyer 和 Diallo，1995），都在 F2 结构域部分，这些位点对蛋白质的正确折叠以及运输到细胞表面是必需的（Alkhatib 等，1994b；Hu 等，1995；Bolt 等，1999）。F 蛋白通过加上棕榈酰残基进一步修饰，主要在跨膜结构域部分的半胱氨酸残基上进行修饰（Caballero 等，1998）。这些修饰是蛋白质发挥融合功能，保证蛋白运输到正确的膜区域所必需的，因此，F 蛋白和 M 蛋白类似，都与抗去污剂膜（DRMs）相关（Pohlet 等，2007）。基于 F 蛋白近膜区的晶体结构推测，成熟的 F 蛋白是同源 3 聚体形式存在（Zhu 等，2002；Rahaman 等，2003），而基于成熟蛋白的交联反应，推测 F 蛋白以同源 4 聚体形式存在（Malvoisin 和 Wild，1993）。位于细胞膜的锚定区附近的亮氨酸拉链基序对于融合活性是必需的，但对于 F 蛋白的同源寡聚化则不是必需的（Buckland 等，1992）。

2.5.7　凝集素蛋白（H）

尽管被称为凝集素蛋白，但大部分麻疹病毒属病毒的 H 蛋白并没有凝集素活性，在红细胞中没有适合的病毒受体。但麻疹病毒细胞培养适应株例外（这也是蛋白最初被命名的原因之一），该病毒能凝集恒河猴的红细胞，但不能凝集人的红细胞。恒河猴的红细胞能够表达 CD46，麻疹病毒适应组织传代培养后，可以利用该受体（Ono 等，2001）。麻疹病毒的早期抗体检测方法就是利用血清来抑制这种凝集反应。麻疹病毒属病毒的 H 蛋白和其他副黏病毒科蛋白的相应蛋白有一个非常有意思的区别就是缺少神经氨酸酶（N），所以不叫 HN。唾液酸是呼吸道病毒属和风疹病毒属等副黏病毒科病毒的细胞受体，或者是细胞受体的重要组成部分，因此，这些病毒保持了神经氨酸酶功能，以便能够从感染细胞中释放子代病

毒。序列分析显示麻疹病毒属病毒的神经氨酸酶的残留特征（Langedijk
等，1997）。同时也在牛瘟病毒和 PPRV 的表达的 H 蛋白中发现了低水平
的神经氨酸酶活性（Langedijk 等，1997；Seth 和 Shaila，2001b）。麻疹
病毒属病毒 H 蛋白的神经氨酸酶的活性没有广泛存在，很可能是因为这
些病毒已经进化调整，利用直接的蛋白-蛋白相互作用来和它们敏感细胞
的受体（SLAM 和 Nectin-4）结合（Tatsuo 等，2000；Noyce 等，2011；
Muhlebach 等，2011；Adombiet 等，2011；Birch 等，2013）。

　　麻疹病毒属病毒的 H 蛋白是 Ⅱ 型膜蛋白，N 末端有信号锚定序列，
N 端的 34 个末端氨基酸位于细胞质中。蛋白的胞外区近膜部位形成
"茎秆"结构，C 端形成一个包含了受体结合位点的球形"头部"。成熟
的 H 蛋白通过二硫键形成同源二聚体（Plemper 等，2000）。目前已经
获得了麻疹病毒的去掉"茎秆"部分的球部晶体结构（Colf 等，2007），
这部分和受体 CD46 结合的晶体结构也得到了解析（Santiago 等，
2010）。在晶体结构发现了和已知的神经氨酸酶类似的结构，包括了一
个口袋结构，用于容纳多糖链，但却没有必需的活性位点。这些结果证
实了一些早期的推测，麻疹病毒属病毒起源于一个有 HN 蛋白的祖先，
但在进化的过程中逐渐丧失了这部分功能。事实上，PPRV 仍然保留了
大部分的神经酰胺功能，表明了 PPRV 和麻疹病毒属的其他病毒相比，
和祖先的亲缘关系更近。

　　和 F 蛋白不同，麻疹病毒属病毒的 H 蛋白的糖基化类型呈现多样
性。H 蛋白的糖基化是正确折叠和从内质网（ER）运送到细胞表面所
必需的。H 蛋白和 F 蛋白寡聚体在物理和功能上相互作用：如果在麻疹
病毒 F 蛋白加入 ER 停留信号，会同时导致 H 蛋白在 ER 中停留
（Plemper 等，2001）；对 H 蛋白的细胞质尾巴的突变会降低 H-F 之间的
相互作用，从而导致感染的增加和细胞病变加重（Plemper 等，2002）；
突变 H 蛋白的"茎秆"结构，会影响细胞间的融合（Corey 和 Iorio，
2007）。来自不同病毒的 F 蛋白和 H 蛋白的异源组合显示出其功能兼容
性的差异。PPRV 的 F 蛋白和 H 蛋白只有在同一来源时才能更好地发挥
它们的功能（Das 等，2000）；但犬瘟热病毒和麻疹病毒的 H 蛋白能够
互换（von Messling 等，2001），牛瘟病毒和犬瘟热病毒的 H 蛋白也能
互换（Brown 等，2005a）。

2.5.8 非结构蛋白(V 和 W)

V 蛋白和 W 蛋白是 P 基因 mRNA 共转录编辑后的产物。从编辑中出现的双 G 的频率来看，相对于 PPRV 的 P 基因产量，W 型的转录非常少（1%～2%）（Mahapatra 等，2003）。牛瘟病毒中的情况也类似，W 蛋白在感染细胞中的产量非常少。那么，这个蛋白在病毒感染中有具体分工还是只是基因编辑中偶然出现的副产物，还有待进一步研究。V 蛋白是从 P 基因转录编辑的第 3 个产物，在病毒的复制和病毒抑制宿主的天然免疫反应方面发挥重要作用。

V 蛋白的产生（或也可以说共转录编辑）似乎是整个副黏病毒家族从祖先共同进化而来（Jordan 等，2000），因为除了人副流感病毒Ⅰ型（hPIV1）（Matsuokaet 等，1991）以外，几乎所有家族成员中都发现存在这种编辑。V 蛋白的主要部分和 P 蛋白 N 末端的氨基部分序列一样。在麻疹病毒属病毒中保守性相对较差。V 蛋白位于编辑位点下游的特异 C 末端序列是一个富含 Cys 的基序。这段基序在所有的副黏病毒科病毒中高度保守，并且发现其与 2 个锌离子相互作用（Liston 和 Briedis，1994）。在细胞培养的病毒中，V 蛋白不是必需的。不表达 V 蛋白的重组病毒 PPRV（Sanz Bernardo 和 Baron，未发表），麻疹病毒和牛瘟病毒（Schneider 等，1997；Baron 和 Barrett，2000）仍然能够存活，但在 RNA 转录上发生了变化。抑制 V 蛋白表达，能够增加病毒 mRNA 的表达，并且有合胞体增多趋势（Baron 和 Barrett，2000；Tober 等，1998；Schneider 等，1997）。这些重组病毒在生长曲线上表现正常，但滴度比原病毒低。相应的，在病毒中（Tober 等，1998）或者是最小基因组系统中过度表达 V 蛋白（Witko 等，2006；Parks 等，2006）都能抑制病毒 RNA 的转录。

V 蛋白在感染细胞中的分布并没有统一的形式（Sweetman 等，2001），并且也没有和病毒的 N/P/L 蛋白的大复合物相互作用。但也有牛瘟病毒 V 蛋白和 L 蛋白直接相互作用的报道（Sweetman 等，2001）。V 蛋白很可能和单体 N_0 有短暂的结合（Tober 等，1998），这样能够阻止感染过程中 N 蛋白的无序聚集。V 蛋白缺失可能限制了复制转录中的 N 蛋白的可用量，从而病毒感染细胞过程偏向于相对增加的 mRNA 合成。但这个假说暗示了 V- N_0 和 P- N_0 二聚体之间可能有差异，因为通过抑制编辑过程来抑制 V 蛋白的表达将导致 P 蛋白表达量的增加，而 P 蛋白也能和 N_0 蛋白相结合。

　　V 蛋白的另外一项重要功能是帮助病毒突破宿主的天然免疫屏障。天然免疫系统主要通过受染细胞中的模式识别受体（PRR）来识别病原体来源的病原相关分子模式（PAMP），触发的 I 型干扰素（IFN α/β）反应，大部分的模式识别受体位于细胞膜或内体膜上。IFN 以自分泌和旁分泌的形式表达，能够诱导宿主细胞产生大量的抑制病毒复制的蛋白质，诱导感染细胞产生自杀因子（自噬作用）。I 型 IFN 能进一步刺激天然和获得性免疫，包括诱导产生 II 型干扰素（IFN γ）。这些宿主的防御系统和副黏病毒科病毒抑制病毒复制的分子机制在部分综述中有详细介绍（Goodbourn 和 Randall，2009；Fontana 等，2008），因此，此文中将仅对 PPRV 相关分子机制进行总结。

　　PPRV 和牛瘟病毒的 V 蛋白可以阻断感染细胞中的 I 型和 II 型干扰素的信号，抑制 STAT1 和 STAT2 磷酸化（Chinnakannan 等，2013；Nanda 和 Baron，2006）。STAT1 和 V 蛋白的 P/V/W 共同区域结合，这 3 个蛋白都能和 STAT1 免疫共沉淀（Nanda 和 Baron，2006）。有意思的是，尽管这 3 个蛋白同样和 STAT1 结合，但只有 V 蛋白能够有效抑制 STAT1 和 STAT2 磷酸化（Nanda 和 Baron，2006），并且只有 V 蛋白能够抑制细胞进入 I 型 IFN 诱导的抗病毒状态（Chinnakannan 等，2013），因此表明，结合 STAT1 不是抑制 IFN 信号的关键步骤。PPRV 的 V 蛋白和牛瘟病毒 V 蛋白都和 STAT2 相互作用（Chinnakannan 等，2013），但和直接抑制 I 型干扰素无关。研究显示，所有麻疹病毒属病毒的 V 蛋白能直接和 JAK 激酶结合（Chinnakannan 等，2013），这和之前麻疹病毒的 V 蛋白功能的研究结果一致（Caignard 等，2007；Yokota 等，2003），这也解释了之前观察到的在病毒感染的细胞中，有这些激酶的活化功能被抑制的现象（Chinnakannan 等，2013）。此外，研究还发现了 V 蛋白抑制 II 型干扰素（Chinnakannan 等，2013）。

　　腮腺炎病毒属的 5 型副流感病毒是第 1 个能影响 I 型干扰素作用的病毒（He 等，2002；Poole 等，2002）。病毒通过和宿主细胞的黑色素瘤分化相关因子 5（MDA5）结合而抑制 IFN 的诱导（Andrejeva 等，2004）。
MDA5 活化并诱导 IFNβ 启动子的转录，是双链 RNA（dsRNA）的模式
识别受体（Kato 等，2006；Pichlmair 等，2009）。5 型副流感病毒的 V
蛋白通过结合 MDA5，抑制了 IFN 的诱导。这种机制在麻疹病毒属病毒
和其他副黏病毒中都存在（Childs 等，2007）。研究已经证实，PPRV 和
牛瘟病毒蛋白的 V 蛋白也能和 MDA5 蛋白结合，抑制 IFN 的诱导（Sanz
Bernardo 和 Baron，未发表）。不过，还有一些方面没有研究清楚，副黏
病毒在感染过程中不会产生可检测到的 dsRNA，为什么副黏病毒感染首
先要阻断 MDA5 的活性。最近研究也已发现视黄酸诱导基因-1（RIG-1）
在麻疹病毒和其他副黏病毒抑制 IFN 诱导中也发挥作用（Hornung 等，
2006；Pichlmair 等，2006；Plumet 等，2007；Loo 等，2007，2008；
Hausmann 等，2008；Rehwinkel 等，2010）。

2.5.9 非结构蛋白(C)

　　C 蛋白是麻疹病毒属病毒最不保守的蛋白质。在感染的细胞中，牛瘟
病毒和麻疹病毒的 C 蛋白既存在于细胞核中，也与细胞质中的 N／P／L
复合物相关（Boxer 等，2009；Nishie 等，2007）。尽管没有在麻疹病毒
C 蛋白序列找到保守的核定位信号（NLS），但是当从质量表达时，MV
和 RPV C 蛋白几乎全部表达在细胞核中（Boxer 等，2009；Nishie 等，
2007）。在麻疹病毒 C 蛋白中发现了 pat7 型核定位信号 ［（P，X_2，（K／
R）$_{3/4}$］，（Nishie 等，2007）。这个基序在犬瘟热病毒和海豹瘟热病毒中也
有，但在 PPRV、牛瘟病毒和海豚麻疹病毒中没有。PPRV C 蛋白上有典
型的核定位信号基序。在 C 蛋白序列中心位置附近的高保守短结构域中
还发现了一个保守的带正电的基序，可能形成一个非标准的核定位信号。
核定位可能是某些麻疹病毒属病毒 C 蛋白在进化过程中获得的新功能，
并且不同的病毒已通过不同的突变获得了这种能力。

　　C 蛋白的主要功能和病毒 RNA 合成有关。牛瘟病毒 C 蛋白和 L 蛋白
相互结合（Sweetman 等，2001），不表达 C 蛋白的牛瘟病毒也能在组织
培养物中存活，但生长非常缓慢，并且病毒 mRNA 的合成整体表现下降
趋势（Baron 和 Barrett，2000）。

进一步的研究发现，无细胞体外转录病毒 RNA 时，如果核衣壳缺乏 C 蛋白，那么 mRNA 的复制转录水平比正常病毒降低（Baron J. 和 Baron M. D.，未发表）。牛瘟病毒 C 蛋白和麻疹病毒略有不同，麻疹病毒 C 蛋白可以对所有类型病毒的 RNA 转录产生影响（Bankamp 等，2005）。

研究发现在缺失 C 蛋白的情况下，麻疹病毒在 IFN 表达细胞中（Escoffier 等，1999），或者有活性 IFN 诱导基因的细胞中（Toth 等，2009；Devaux 和 Cattaneo，2004），或者实验动物中的繁殖水平降低（Patterson 等，2000；Takeuchi 等，2005；Devaux 等，2008）。进一步研究发现，麻疹病毒 C 蛋白有抑制 IFN 诱导的作用（Nakatsu 等，2006；McAllister 等，2010），有研究者认为，C 蛋白是通过对病毒 RNA 转录的影响间接调控 IFN 诱导（Nakatsu 等，2008）。单独表达的 PPRV C 蛋白对 IFN 的诱导没有影响（Sanz Bernardo 和 Baron，未发表）。

2.6　结论

尽管 PPRV 是相对新近确认的病毒，但分子证据表明 PPRV 已经存在了数百年。它是最近才开始感染山羊和绵羊，还是一直以来都在感染这些动物，还需要进一步研究。针对 PPRV 的分子生物学和蛋白质功能的研究比较少，部分原因是有些国家对 PPRV 操作的限制。因此，麻疹病毒属病毒的相关研究，多针对犬瘟热病毒和麻疹病毒开展。从目前对 PPRV 的了解来看，它在复制和功能上与麻疹病毒属的其他病毒相似。尽管已经确定 PPRV 的宿主受体（Adombi 等，2011；Birch 等，2013）和麻疹病毒一样（Tatsuo 等，2000；Noyce 等，2011；Muhlebach 等，2011）是 SLAM 和 Nectin-4，但对宿主细胞中其他和病毒相互作用的蛋白，知之甚少。随着对 PPR 经济上的重要性不断认识，人们希望能够进一步了解病毒与宿主细胞相互作用机制。

第三章　小反刍兽疫病毒的宿主易感性

Vinayagamurthy Balamurugan,
Habibur Rahman, Muhammad Munir

　　摘要：PPR 主要感染家养和野生小反刍动物。最新研究表明，骆驼也是其敏感宿主。家养和野生小反刍动物感染 PPRV 的临床表现不同，不同品种的小反刍动物感染后临床表现也有所不同。宿主的遗传和非遗传因素在病毒的致病性和宿主的易感性中起重要作用，相关研究还在进行中。目前，PPRV 在野生小反刍动物中的流行病学规律尚不完全清楚，有证据表明野生动物很可能有传播疫病的作用。了解这些因素将有助于疫病的控制和根除。

3.1　引言

　　小反刍动物养殖对于发展中国家和欠发达国家维持农村贫困人口生计发挥重要作用。PPR 是家养和野生小反刍动物发生的一种高度传染性病毒病，近些年发现 PPR 也能感染骆驼。PPR 在山羊和绵羊中引起疫情，对经济造成严重影响。由于 PPRV 在外部环境的抵抗力较低以及病毒离开宿主后不稳定等原因，PPR 的传播需要感染动物和易感动物的密切接触（Braide，1981）。细胞受体是决定病毒宿主范围和组织嗜性的主要因素。PPRV 和宿主的相互作用起始于特异性受体的结合，由宿主细胞膜上唾液酸和 PPRV 的 H 蛋白介导（Munir 等，2013）。目前对决定组织嗜性

的受体研究比较少。被广泛认可的宿主受体是信号淋巴激活分子
(SLAM)（Pawar 等，2008）。基于绵羊、山羊和牛感染 PPRV 的实验和
田间数据，PPRV 的自然感染是通过上呼吸道表皮细胞（Taylor 等，
1965）。小反刍动物感染 PPR 表现典型的上皮感染和坏死。病毒增殖能力
和致病性与宿主抵抗力、免疫反应、体内寄生虫感染、营养水平、品种、
性别和年龄等因素相关（Munir 等，2013）。

麻疹病毒的细胞受体是 SLAM（也称为 CD150），是一种细胞膜糖蛋
白（Tatsuo 等，2000），主要在淋巴细胞和树突细胞上表达（Cocks 等，
1995）。与其他麻疹病毒属病毒一样，PPRV 选择性感染和破坏表达
SLAM 的阳性细胞，主要是上皮细胞、活化的淋巴细胞和巨噬细胞（Rey
Nores 等，1995）。狨猴 B 细胞系（B95a）对牛瘟病毒和 PPRV 野毒株、
疫苗株均敏感（Lund 和 Barrett，2000；Sreenivasa 等，2006）。用
siRNA 方法证实 SLAM 是 PPRV 的共受体。Pawar 等（2008）研究发
现，普通牛、水牛、绵羊和山羊外周血单个核细胞（PBMC）中 SLAM
mRNA 水平与 PPRV 的复制相关。研究还发现 SLAM 的表达和 PPRV 的
复制高度相关，并且不同水平的 SLAM 的 mRNA 能够影响病毒在不同动
物中的复制。Sarkar 等（2009）研究比较了绵羊、山羊、普通牛和水牛
的 SLAM 受体序列。牛瘟病毒和 PPRV 也能利用非宿主的 SLAM 受体，
但病毒复制效率会降低（Tatsuo 等，2001）。另外一个潜在的受体是绵羊
细胞黏附分子 4（Nectin-4），在上皮细胞中过表达 Nectin-4，PPRV 的复
制效率会增加（Birchet 等，2013）。该基因主要在上皮组织中表达，在世
界各地多种单倍体型的绵羊品种中均有发现（Birch 等，2013）。

此外，不同的宿主遗传因素和非遗传因素会导致对疫病的敏感性不
同（Munir 等，2013）。免疫遗传学研究表明，宿主这些差异很大部分
具有遗传性，并且有不同程度的遗传能力。主要组织相容性复合物
(MHC) 在遗传水平上提供了捕获抗原处理的多样性，尤其是 MHC 的
肽结合部位凹槽的遗传变异性，将导致与病毒免疫反应有关等位基因组
合和单倍体型的识别。但也有几种人的疾病和动物疫病的群体疫苗反应
呈现多样性的报道（O'Neill 等，2006）。

推测 PPRV 直接或间接从绵羊或山羊传播到水牛，是病毒在非自然
宿主中存活的一个适应机制（Abraham 等，2005）。除绵羊、山羊、普通

牛和水牛外，骆驼和野生反刍动物中也存在 PPRV 抗体，这表明 PPRV 在这些动物中存在自然传播（Abraham 等，2005；Balamurugan 等，2012a）。本章全面介绍 PPRV 的宿主敏感性及其对疫病流行病学的影响。

3.2 易感物种

3.2.1 绵羊和山羊

PPRV 主要感染小反刍动物，绵羊和山羊是病毒的自然宿主。PPRV 偶尔会感染骆驼和小反刍野生动物等其他偶蹄动物（Munir，2014）。很多研究认为，虽然山羊和绵羊都能感染 PPRV，但山羊表现的临床症状比绵羊严重（Lefevre，1980；Wosu，1994；Tripathi 等，1996；Singh 等，2004）。Wosu（1994）研究发现，山羊感染 PPRV 后康复率低于绵羊。虽然绵羊感染严重程度通常不及山羊，但也能引起急性疫病（Lefevre 和 Diallo，1990）。野生分离株致病力不同或者是绵羊的天然免疫特点等因素可能是山羊和绵羊感染 PPRV 后临床表现不同的主要原因（Taylor，1984）。这种差异不是由于绵羊和山羊对病毒亲和力不同，而是由于绵羊康复能力更强。当然这些临床观察结果还需要科学研究证据支持。也有绵羊大规模养殖地区暴发严重 PPR 疫情的报道，说明 PPRV 也能在绵羊引起严重的临床症状（Singh 等，2004）。在一些 PPR 疫情调查中也发现，山羊和绵羊混养群中，绵羊比山羊表现更明显和严重的临床症状。印度北部山羊分离株在实验条件下能导致山羊和绵羊发生同样的严重感染（Nandaet 等，1996；Singh 等，2004）。然而另一项实验室研究发现，山羊分离株在最初几次传代中并不会引起绵羊表现明显的临床症状，但在绵羊体内传代几次并适应之后，会引起绵羊的临床症状（Muthuchelvan 等，IVRI[*]，Mukteswar，个人交流）。在印度，山羊的屠宰率和繁殖力较高，每年都有大量的新生山羊，这些新生动物对 PPRV 易感，因此，这可能

---

[*] 印度兽医研究所。

是临床报道山羊疫情较多的可能原因（Singh 等，2004）。在热带地区，山羊比绵羊繁殖率高，羊群中山羊后代替换数量也比绵羊大。此外，也有文献报道一些牛瘟病毒分离株对亚洲的牛和一些小反刍动物的亲和性比非洲的同类动物高（Couacy-Hyman 等，1995）。因此推测，在东南亚地区流行的 PPRV 可能对山羊有更高的亲和性。Balamurugan 等（2012b）认为山羊阳性数量多，可能由于多数可疑样品来自山羊养殖数量大的地区。同样，Soundararajan 等（2006）报道一个大规模养殖场发生 PPR，山羊死亡率比绵羊高，该养殖场也是山羊养殖数量较多。因此，很可能病毒对动物品种的选择以及进一步繁殖后更倾向于适应这个特定品种，从而对该品种构成严重威胁。但这种现象的潜在机制还需要从分子生物学层面对病毒特性和宿主易感性进行深入研究。通常情况下，由于目前疫病流行国家 PPR 疫苗使用很有限，因此，如果幼年和成年山羊、绵羊普遍存在 PPRV 抗体，表明这些动物曾有过亚临床、显性或非致死的感染。但如果是成年山羊或者绵羊有 PPRV 抗体，并不一定代表它们感染过 PPRV，因为这些动物曾经接种过疫苗的可能性也很高。Singh 等（2004）对血清抗体监测结果分析发现，36.3%的绵羊存在抗体，高于山羊的 32.4%，研究人员认为这个结果很可能是由于绵羊的康复率更高（低的死亡率），而非绵羊对 PPRV 的敏感性高或是为了获得肉和羊毛，绵羊比山羊饲养时间更长。同样，Khan 等（2008b）报告在巴基斯坦的一些省份，绵羊感染 PPRV 的比例是 56.80%，高于山羊的 48.24%。Khan 等（2008a）在研究不同地理区域、季节、年龄、性别和绵羊和山羊品种的疫病流行状况时发现，旁遮普省南部和西部的阳性病例比省内其他地方更多。同样，基于绵羊中 PPRV 抗体的阳性率（41.35%）比山羊抗体阳性率（34.91%）高，Ragavendra 等（2008）认为绵羊比山羊易感，流行率和印度南部州的山羊流行率相当。从这些研究调查结果可以看出，不同的 PPRV 毒株引起山羊和绵羊致死率和发病率不同。还需深入进行实验感染研究，绘制出绵羊和山羊不同感染程度的病毒和遗传标志物。

3.2.2　野生动物

已有 PPRV 感染野生小反刍动物的报道，主要涉及 3 个科的有蹄类动物：羚亚科（小鹿瞪羚）、羊亚科（努比亚羱羊和拉利斯顿绵羊）和马羚亚科（剑羚）（Fentahun 和 Woldie，2012；Munir 等，2013）。一些研究者很早就关注到野生小反刍动物在 PPR 流行病学中的作用（Taylor，1984）。在沙特阿拉伯，根据临床症状和血清学结果怀疑瞪羚和鹿感染 PPR（Abu Elzein 等，1990）。小反刍兽疫是在小鹿瞪羚（*Gazella dorcas*）、努比亚羱羊（*Capra ibex nubiana*）、拉里斯坦绵羊（*Ovis orientalis laristani*）和剑羚（*Oryx gazella*）中引起高死亡率的严重疫病。蓝牛羚（*Tragelaphinae*）能发生亚临床感染。只有 1 篇圈养野生有蹄类动物（瞪羚）发生急性致死病例的报道（Abu-Elzein 等，2004）。羚羊和其他野生小反刍动物也能发生严重感染（Abu-Elzein 等，2004）。Komolafe 等（1987）研究了在尼日利亚养殖场周围家鼠在山羊小反刍兽疫流行中可能发挥的作用。小反刍兽疫强毒株在家鼠中能引起亚临床感染，但即使在同一个空间内，感染家鼠也不会将病毒传染给健康山羊。试验条件下美洲白尾鹿（*Odocoileus virginianus*）也易感（Hamdy 等，1976）。在普通牛、水牛（Anderson 和 Mckay，1994；Govindarajan 等，1997；Balamurugan 等，2012a）、骆驼（Roger 等，2000；Khalafallaa 等，2010）、野牛（Bao 等，2011）以及其他野生动物中开展血清学监测研究 PPRV 在动物之间的自然传播情况（Abraham 等，1987）。然而，除羚羊、骆驼（Khalafallaa 等，2010）和野生岩羊（Bao 等，2011）等个别野生动物外，并没有其他动物的感染报告。Balamurugan 等（2012）从死于锥虫病的狮子组织样本中检测到 PPRV 核酸，拓宽了对 PPRV 易感性和传播特性的认识。但不排除感染是因为接触其他感染动物或携带寄生虫引起。通常将与感染家畜共用牧场或生活区域、水体的野生生物作为疫病流行病学调查的一部分。野生动物在疫病传播中扮演了重要的角色。但是，具体发挥的作用还不明确，有待进一步研究。

3.2.3 普通牛和水牛

PPR 是否在其他家养动物引起疫病还有争议。但有其他家养动物亚临床感染 PPR 的报道。牛和猪能感染 PPRV，但不表现临床症状，不会将疫病传播给其他动物。没有证据表明这些动物能携带 PPRV。虽然这些动物的亚临床感染状态不会将疫病传染给其他动物，但它们在疫病的流行病学中也发挥一定作用（Furley 等，1987）。亚临床感染牛会发生血清转阳并且能够抵抗牛瘟病毒强毒株感染。牛被认为是终宿主（Gibbs 等，1979）。但从 1 起导致水牛发生致死性综合征的疫情中也分离到了 PPRV（Govindarajan 等，1997）。埃塞俄比亚骆驼发生的呼吸系统疾病也怀疑是由 PPRV 引起的（Roger 等，2000）。还有报告称，PPRV 引起了印度水牛发生类牛瘟疫病（Govindarajan 等，1997）。多个研究报道，牛和猪在与发病绵羊和山羊接触后发生了血清转阳。但这些动物均未表现临床症状（Nawthane 和 Tayler，1979；Dardiri 等，1976）。Dardiri 等（1976）报道实验条件下感染 PPR 的牛不表现临床症状，但会产生针对性抗体。另外，虽然成年牛在自然暴露感染（Gargadennec 和 Lalanne，1942）或病毒接种（Dardiri 等，1976）等情况下都不表现临床症状，但犊牛在试验条件下会出现发热和口腔病变（Mornet 等，1956）。印度中央大学实验室开展的类似研究发现，水牛 PPRV 分离株实验条件下能够引起水牛感染并发生致命性综合征（Govindarajan 等，1997）。PPRV 感染非自然宿主有可能在一定区域内控制或限制 PPRV 的传播（Balamurugan 等，2012a）。这一假设基于在小型和大型反刍动物混养的综合农场体系中，病毒有发生适应性和毒性变化的可能性。人们认为，在大型反刍动物、小反刍动物共存的情况下，PPRV 的交叉反应抗体有助于牛瘟病毒的根除。从以上研究来看，PPR 广泛的地方性流行可能是由于农业气候条件不同和牲畜迁移引起。此外，也可以推断 PPRV 在普通牛、水牛、山羊和绵羊之间可自然传播（Singh 等，2004；Balamurugan 等，2011，2012a，2012b，2014）。但还需要普通牛和水牛的血清样本加以证明（Anderson 和 Mckay，1994；Khan 等，2008a，b；Balamurugan 等，2012a）。Anderson 和 Mckay（1994）的研究提供了 PPRV 从绵羊和山羊传播到牛的血清学证据，并提出应当将牛纳入 PPR 血清学监测计划中。在建立了特异性鉴别诊断技术后，印度和其他国家许多研究报道普通牛和水牛中存在 PPRV 抗体，并推测骆驼很可能扮演病毒存储库的角色（Hinshu 等，2001；Haque 等，2004；Abraham 等，2005；Balamurugan 等，2012a）。笔者对实验条件下牛亚临床感染 PPR 的早期研究发现，在感染后 1 年还能检测到 PPRV 抗体和抗原（Sen 等，2014）。这些研究报告表明，PPR 可以直接或间接地从绵羊或山羊传播到牛，是病毒在非自然宿主环境中的生存机制。表3.1汇总了研究报道PPRV感染或者检测到PPRV抗体的动物种类（Banyard等，2010；Munir等，2013）。

表3.1 不同物种的PPR病毒或病毒抗体的检测

编号	物种（拉丁语）	参考资料
1	阿富汗捻角山羊（*Capra falconeri*）	Kinne 等（2010）
2	阿富汗灰羚羊（*Sylvicapra grimma*）	Ogunsanmi 等（2003）
3	阿拉伯瞪羚（*Gazella gazella*）	Kinne 等（2010）
4	阿拉伯山瞪羚（*Gazella gazelle cora*）	Kinne 等（2010）
5	阿拉伯大羚羊（*Oryx leukoryx*）	Frolich 等（2005）
6	亚洲狮（*Panthera leo persica*）	Balamurugan 等（2012c）
7	芭芭利野绵羊（*Ammotragus lervia*）	Kinne 等（2010）
8	岩羊（*Pseudois nayaur*）	Bao 等（2011）
9	北非麋羚（*Alcelaphus buselaphus*）	Couacy-Hymann 等（2005）
10	印度水牛（*Bubalus bubalis*）	Govindarajan 等（1997） Balamurugan 等（2012a）
11	非洲水牛（*Syncerus caffer*）	Couacy-Hymann 等（2005）
12	羚羊（*Tragelaphus scriptus*）	Kinne 等（2010）
13	骆驼（*Camelus dromedarius*）	Khalafalla 等（2010）； Abraham 等（2005）
14	水羚（*Kobus defassa*）	Couacy-Hymann 等（2005）
15	小鹿瞪羚（*Gazella dorcas*）	Furley 等（1987）
16	好望角大羚羊（*Oryx gazella*）	Furley 等（1987）
17	山羊（*Capra hircus*）	有一些研究者的研究报道
18	黑斑羚（*Aepyceros melampus*）	Kinne 等（2010）
19	印度牛（*Bos indicus*）	Abraham 等（2005）； Balamurugan 等（2012a）
20	非洲水羚（*Kobus kob*）	Couacy-Hymann 等（2005）
21	拉里斯顿羊（*Ovis gmelini laristanica*）	Furley 等（1987）
22	努比亚源羊（*Capra nubiana*）	Furley 等（1987）
23	猪（*Sus scrofa domesticus* or *Sus domesticus*）	Nawthane 和 Tayler（1979）
24	瑞姆瞪羚（*Gazella subguttorosa marica*）	Kinne 等（2010）

（续）

编号	物种（拉丁语）	参考资料
25	绵羊（*Ovis aries*）	有一些研究者的研究报道
26	跳羚（*Antidorcas marsupialis*）	Kinne 等（2010）
27	汤普森瞪羚（*Eudorcas thomsonii*）	Abu-Elzein 等（2004）

3.3　动物品种

除了不同物种外，不同动物品种也有会影响 PPRV 感染的严重程度及流行状况。有些动物品种更易感（Lefevre 和 Diallo，1990）。几内亚的一些当地品种山羊（如西非矮山羊、Logoon、Kindi 和 Djallonke）高度易感（Lefevre 和 Diallo，1990）。同样，El Hag 和 Taylor（1984）的动物感染实验显示，英国品种的羊只表现出非常严重的临床症状，而苏丹品种的羊没有表现明显的临床症状。近些年的临床观察发现，西非不同山羊品种对 PPR 的易感性存在差异。WAD 品种表现出急性临床症状，WALL 品种则只有轻微的症状（Diop 和 Sarr，2005）。西非萨赫勒地区的游牧山羊和绵羊天然抵抗力强，只发生亚临床感染，而萨赫勒以南地区圈养羊和中东本地山羊和绵羊的自身抵抗力相对较低（Munir 等，2013）。在印度，除了 Pawar 等（2008）的研究以外，没有其他不同品种绵羊和山羊对 PPRV 敏感性的研究。Pawar 等研究显示，山羊的外周血单核细胞（PBMC）中 SLAM mRNA 的表达水平较高，其次分别是绵羊、普通牛和水牛。他们还得出了进一步的结论：不同品种的山羊有不同的 SLAM 基础表达水平（Pawar 等，2008）。孟加拉杂交品种 Barbari-Black 山羊感染的死亡率较高（65%）。在 Telicherry 山羊发生的严重疫情中，成年羊的死亡率为 87.5%，而羔羊的死亡率为 100%。尽管疫情波及其他邻近动物，但 Kanni 和 Salem 黑山羊却没有受到影响。此外，也有印度 Barbari 山羊发生严重 PPR 疫情的报告（Paritosh，1997；Rita 等，2008）。这些报告表明，宿主的遗传因素决定了疫病的严重程度，找到这些遗传因素的基因标记，有利于提升疫病抵抗力和将来的育种计划。

3.4 动物年龄

根据 Obi 等（1983）和 Tayor（1984）的研究，PPR 感染的严重程度和年龄有关。6 月龄到 1 岁的青年动物比成年动物更加敏感。尽管幼年山羊的发病率没有成年山羊的高，但它们的死亡率却很高（Toplu，2004；Gulyaz和 Ozkul，2005）。据报道，在尼日利亚等一些非洲地区每隔 3～5 年就会出现一波疫情（Bourdin 等，1973）。血清学监测结果显示，所有年龄段（从 4月龄到 2 岁）的山羊都存在 PPRV 抗体。在尼日利亚接连发生的 2 次疫情中，大部分老龄动物首先发生感染，而相对年轻的动物（1～2 岁）在第 2次疫情中被感染。从印度报告的疫情来看，在疫病传入时，同一群体各个年龄段的动物都可能感染，但在发生第二波疫情时，由于部分动物产生了保护性抗体，只有少部分动物发生感染。Singh 等（2004）在调查不同年龄动物感染 PPRV 的抗体产生情况时发现，1 岁以下绵羊抗体阳性率是11.8%，低于山羊的 18.7%，但 1 岁以上成年动物的情况却恰恰相反。Khan 等（2008b）报告了与之类似的研究，2 岁以上动物比其他年龄段的动物发病率更高，阳性率达到 72.86%。此外，雌性动物的发病率（59.24%）高于雄性动物（41.18%）（Khanet 等，2008b）。

3.5 展望

我们对 PPR 的认知依旧非常有限，特别是疫病流行病学相关内容，包括不同动物在不同生产体系中的传播动力学，物种和品种的易感性，病毒在自然宿主和非自然宿主间的传播机制以及野生动物在流行病学中的作用等。研究 PPRV 感染或疫苗免疫的影响因素、不同宿主（尤其是绵羊和山羊）对 PPR 疫苗的免疫应答，发现不同的动物的免疫应答水平高低，进一步利用这些特性，指导 PPR 的控制和根除行动。

第四章　小反刍兽疫的病理学

Satya Parida，Emmanuel Couacy-
Hymann，Robert A.Pope，Mana
Mahapatra，Medhi El Harrak，
Joe Brownlie，Ashley C.Banyard

摘要：PPR 是对小反刍兽具有重要经济影响的疫病。PPR 在非洲和亚洲的大部分地区流行，其地理分布也在逐渐扩大。PPRV 感染通常会导致严重的免疫抑制，发生机会性继发感染，增加疫病的发病率和死亡率。PPRV 的发病机理大多是从牛瘟病毒、麻疹病毒和犬瘟热病毒等相近病毒的已知发病机理中推断而来。本章将概述目前对 PPRV 致病机理的研究成果。

4.1　引言

PPR 是由 PPRV 引起，能够带来重要经济影响的动物疫病。PPRV是单股负链不分节段的 RNA 病毒，属副黏病毒科麻疹病毒属。PPR 的高发病率和高死亡率会带来严重的经济损失。此外，PPRV 的高度接触性传染特性以及贸易带来的动物移动，意味着该病会带来严重的跨界传播问题。可以通过皮下注射弱毒疫苗控制疫病的流行。尽管疫苗能提供长期免疫，但产生的中和抗体并不能阻止疫病在接触的动物之间快速传

播。因此，为了控制疫病还需要了解病毒的致病机理。病毒感染的病理变化总的来说，包括 4 个不同的组成部分：（i）病因，（ii）致病机理，（iii）细胞结构的改变（形态变化），（iv）病变带来的结果（临床症状）（Robbins，2010）。专门针对 PPRV 开展的病理学研究很少，目前对 PPRV 病理学的认识很大程度上通过与之有亲缘关系的牛瘟病毒（Wohlsein 等，1993，1995）和其他麻疹病毒属病毒感染推断而来。在本书的第二章已对 PPR 的病因进行了详述，本章只介绍 PPRV 引起易感宿主的病理变化。

4.2 小反刍兽疫的临床症状

根据宿主易感性和感染毒株的毒力，PPRV 感染有特急性型、急性型、亚急性型和亚临床型等 4 种临床症状。绵羊和山羊往往呈急性型感染。4 月龄或者再大一些的幼龄羊母源抗体衰减，会发生特急性临床症状。特急性发病潜伏期短（2d），之后迅速发展成高热，体温升至 40—42℃。个体表现精神沉郁、黏膜充血、眼鼻分泌物、呼吸困难以及严重的水样粪便，发病动物最终在感染后 4～5d 死亡（Munir 等，2013）。

急性型感染，发病的潜伏期为 3～4d，之后表现发热、眼和鼻水样分泌物、口腔黏膜充血、眼结膜和阴道黏膜充血等临床症状（Abubakar 等，2008）。随后出现腹泻，有血样粪便，严重时会导致动物脱水，甚至死亡。随着病程发展，眼和鼻水样分泌物会变成黏脓性，堵塞鼻孔，呼吸困难。

亚急性型发病时，动物不会表现严重的临床症状，且致死率很低。感染动物的体温会从 39℃升至 40℃，但不会呈现典型的临床症状。感染动物通常会在感染后 10～14d 康复。大型反刍动物（水牛和普通牛）感染可表现亚临床型，感染动物能够在完全不表现临床症状的情况下清除病毒，但血清转阳，会产生很强的中和抗体反应。

4.3　PPRV 感染山羊的临床症状

目前对 PPRV 病理学了解主要来源于田间感染报告。因此，相关病理形态评估往往针对急性疫病的后期阶段，缺乏对疫病感染早期相关情况的了解。理论上，可以用强毒株模仿自然感染途径（如通过滴鼻感染）观察相关表现。尽管对感染早期的病理学评估存在一定的困难，但还是有少量感染早期阶段的研究报告（Couacy-Hymann 等，2007；El Harrak 等，2012；Hammouchi 等，2012；Pope 等，2013）。根据发表以及未发表的研究数据，在此对 PPR 感染早期和后期的病程进行总结。

易感的小反刍兽常表现为急性感染（图 4.1a～h）。感染的严重程度受多种因素影响，如病毒毒株、感染剂量、感染途径、被感染动物的物种和品种等。由于 PPRV 感染会引起严重的免疫抑制反应，因此，影响疫病感染过程的一个非常重要的因素就是致病病原体，即动物已经感染的病原体或者是环境中接触到的病原体（Couacy-Hymann 等，2007；El Harrak 等，2012；Emikpe 等，2013；Pope 等，2013；Rajak 等，2005）。Couacy-Hymann 等用代表 4 个不同分支的 PPRV 毒株皮下注射感染非洲矮山羊，详细实验结果见表 4.1。有趣的是，不同分离株会引起不同的临床症状，从轻微感染到严重感染，甚至死亡。尽管所有的病毒分离株都会引起临床症状，但 I 系和 IV 系病毒在感染实验条件中致病力更强。Emikpe 等进一步研究发现，用 Nigeria/75/1 毒株支气管内接种感染非洲矮山羊，能够导致严重的疫病。在另外一项研究中，El Harrak 等用 IV 系病毒通过静脉注射、鼻内接种以及皮下注射等 3 种不同途径感染阿尔卑斯山羊。尽管通过 3 种途径接种都能够感染羊发病，但鼻内接种是进行病理学以及免疫学研究的最接近自然感染的方式。

急性型感染通常会按以下顺序发展：

i. 感染动物在 2～7d 潜伏期后，持续发热 3～10d，体温高达 39.5～41℃。

ii. 高热 2～3d 后，眼结膜和口腔黏膜会出现充血（图 4.1a）。

iii. 感染后 4～7d 后眼睛和鼻腔出现分泌物（图 4.1b），并持续 2～4d。水样分泌物逐渐发展为黏液/黏脓性分泌物。口腔黏膜充血往往伴随着牙龈（牙床）、舌头、软腭以及鼻黏膜的病变（图 4.1c）。

iv. 严重病例在感染后 5～9d，可见口腔硬腭溃疡以及坏死性损伤等病变。

v. 坏死性损伤继续发展，舌头表面出现干酪样纤维蛋白沉积（图 4.1 d，e），此时，由于口腔病变引起的口臭比较明显。

vi. 最后，感染后 4～10d 开始出现腹泻（图 4.1 f），严重时腹泻表现为喷射状，在感染 8～12d，动物会出现呼吸困难，并表现渐进性体重减轻和消瘦（图 4.1g），最终导致死亡（图 4.1h）。在一些病例中，特别是在轻度感染中，动物能够自行康复，在感染 10～15d 后恢复到感染前的健康状态。

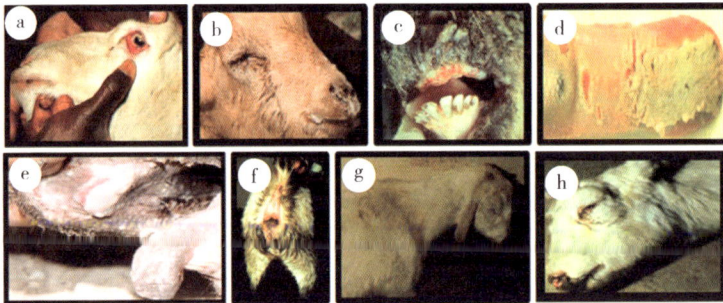

图 4.1　山羊感染 PPRV 不同阶段的临床症状。a. 在感染后第 5 天出现眼结膜充血；b. 眼睛和鼻腔在感染后第 7 天出现分泌物（引自 FAO 网站）；c. 口腔（牙龈）在感染后第 7 天出现病变；d. 和 e. 舌头在感染后第 8 天出现病变并且有纤维蛋白的干酪样沉积；f. 在感染后第 10 天出现腹泻；g. 在感染后第 10 天体重逐渐减轻，精神委顿；h. 感染后第 10 天死亡

表 4.1　Couacy-Hymann（2007）等报告的 PPRV 感染临床症状出现的时间以及持续时间（d）

毒株和动物品种	体温≥39℃	鼻腔/眼分泌物	口腔溃疡	腹泻	RT-PCR 结果				
					1～2	3	4	5	6～9
科特迪瓦 89	a 5～8	4～9	7	7～9	—	+O/N	+O/N/S	+O/N/S	+O/N/S
	b 6～7	6～8	5	6～8	—	—	+O/N/S	+O/N/S	+O/N/S
	c 5～8	4～8	—	6～8	+O/N	—	+O/N/S	+O/N/S	+O/N/S
几内亚科纳克里	a 7～8	7	5	—	+O	+O/N/S	+O/N/S	+O/N/S	+O/N/S
	b 6～8	7～9	7	7～9	—	+O/N/S	+O/N/S	+O/N/S	+O/N/S
	c 6～7	8～9	—	6～8	+O	+O/N/S	+O/N	+O/N/S	+O/N/S

（续）

毒株和动物品种	体温 ≥39℃	鼻腔/眼分泌物	口腔溃疡	腹泻	RT-PCR 结果				
					1～2	3	4	5	6～9
尼日利亚 75/1	a 6～8	－	－	9	－	－	－	+O/N	+O/N/S
	b 7～8	8	－	－	－	－	－	+O	+O/N/S
	c 8	－	－	－	－	－	－	－	+O/N/S
苏丹 森纳尔州	a 7～8	6	－	－	－	－	－	+O	+O/N/S
	b 6～7	7～8	8	8～9	－	－	－	+O/S	+O/N/S
	c 8	－	－	－	－	－	－	－	+O/N/S
印度 加尔各答	a 8	－	－	－	－	－	+O	+O	+O/N/S
	b 7～9	7～9	7	8～9	－	+O/N	+O/N/S	+O/N/S	+O/N/S
	c 6～8	9	8	－	－	+O/N	+O/N	+O/N/S	+O/N/S

注：（－）没有临床症状/ RT-PCR 阴性；＋O，眼部样品阳性；＋O/N，眼、鼻部样品阳性；＋O/N/S，眼部、鼻部或者唾液样品阳性。

4.4 临床评分

以往文献没有明确定义反映疫病严重程度的临床评分标准。最近，已经建立了 PPRV 的临床评分标准，利用这些标准可以评价疫病感染后的严重程度，同时，在进行动物实验时，能够指导研究人员在动物表现非常明显的临床症状时对其实施安乐死（El Harrak 等，2012；Pope 等，2013）。这 2 个发表的评分体系都推荐如果在某一个时间段内临床症状已经达到确定的分值，应当对实验动物进行安乐死。安乐死的决定是出于道德考虑（Hecker，1983；Smith 和 Sherman，2009）。Pope 等人建立的评分系统，提出如果满足以下条件（表 4.2），出于道德考虑应对实验动物进行安乐死（Hecker，1983；Smith 和 Sherman，2009）。

表 4.2 Pope 等（2013）报告的 PPRV 感染状况的临床评分表

临床分值	症状	体温变化	眼睛和鼻腔分泌物	面部黏膜病变	粪便	呼吸系统症状
0	正常	<39.5℃	无	无	正常	正常呼吸频率（绵羊 15～40 次/ min[b]，山羊 10～30 次/min[b]）

（续）

临床分值	症状	体温变化	眼睛和鼻腔分泌物	面部黏膜病变	粪便	呼吸系统症状
1	轻微不愿意活动	＞39.5℃，但＜40℃	眼睛水样分泌物	口鼻黏膜和口腔舌乳头充血	轻微	轻微呼吸急促
2	轻微，不愿意活动、沉郁、食欲轻微减退	＞40℃但＜41℃	眼睛水样分泌物变黏液性、眼睛潮红，有轻微结膜炎	颊腔有小损伤点，有些损伤会不断扩大	稀便	呼吸急促，轻微咳嗽
3	不活动、反应迟钝、不安、厌食	持续5d以上体温＞41℃或者＞39.5℃	鼻腔黏脓性分泌物以及（或者）严重结膜炎，伴随眼睛黏脓性分泌物	口鼻黏膜有明显的糜烂性损伤，口腔舌乳头严重充血、水肿	明显的腹泻	呼吸急促，呼吸困难，咳嗽
4	严重迟钝、活动减少、脱水	持续5d以上体温＞41℃或者＞39.5℃，之后体温迅速下降（＜38℃ a）	鼻腔出现黏脓性分泌物，眼睛出现严重结膜炎伴随大量的黏脓性分泌物	整个口腔、鼻腔黏膜和鼻孔呈严重的糜烂性/溃疡性损伤，唇部水肿，外阴唇糜烂	黏液性-出血性腹泻	明显的呼吸急促，呼吸困难、咳嗽

注：a. Hecker（1983）；b. Smith and Sherman（2009）。

1. 最高分4/4，表现全部临床症状（严重行动迟缓，不愿意活动以及脱水），表明病状严重。

2. 3/4分，上述症状连续出现2d，在另外的评分系统，得分为10分或者更高。

3. 2分，上述症状连续出现2d，或者在其他分类中分值超过15分或者更高。

4. 连续性分值超过20分。

这种临床症状评分表不仅可以用于进行动物感染实验的评估，应用于自然感染时，还有助于临床报告的一致性。当然，考虑到还有其他一些病原体同PPRV感染症状类似，仅通过观察临床症状评价感染状态，不足以进行疫病诊断。PPR的确诊还需要其他实验室诊断技术。PPR的鉴别诊断将在本书的其他章节进行叙述。

4.5 大体病理

剖检PPRV感染动物，许多病理变化很常见。感染PPRV的山羊和绵羊剖检可见非常明显的口腔溃疡和坏死性病变。舌乳头、牙床（图4.2a）、牙龈（图4.2b）、舌背、腭扁桃体以及硬腭严重感染（图4.2c）。消化道充血，特别是十二指肠、皱胃、回肠、盲肠和结肠充血更加明显。盲肠、结肠和直肠纵向褶皱区可见广泛充血，类似于斑马条纹（图 4.2d）。回盲瓣也表现广泛性的黏膜充血。严重病例可见整个肠道黏膜充血、水肿和溃疡（Munir 等，2013）。有研究发现（Pope，2013），感染动物回肠的派伊尔结没有明显的病变或者充血。但之前的研究报道 PPRV 感染与这些淋巴组织关系紧密，无论是自然感染还是实验感染，在派伊尔结都有广泛的坏死和损伤（Kul 等，2007；Kumar，2004；Taylor，1984）。与感染动物相反，对照动物的未感染组织中很容易找到派伊尔结，这可能意味着和犬瘟热病毒感染一样，在 PPRV 感染过程中淋巴细胞会从这些聚合部位重新分布到感染部位（von Messling 等，2006）。

部分自然感染的山羊淋巴结，特别是肠系膜淋巴结肿大并伴有坏死和出血，脾脏充血、萎缩（Khan 等，2008）。同口腔黏膜一样，鼻腔黏膜也会充血。气管和支气管的末端可能有泡沫（Emikpe 等，2013）。一些严重病例可见肺脏充血和水肿，质地实变，切面灰红色（图 4.2e）。实变肺叶的胸膜面通常出现斑块状的纤维蛋白沉积（Emikpe 等，2013）。感染 PPRV 的西非矮山羊还能见到肺部充血和支气管肺炎，这些症状是由于继发细菌感染引起的（Couacy-Hymann 等，2007）。

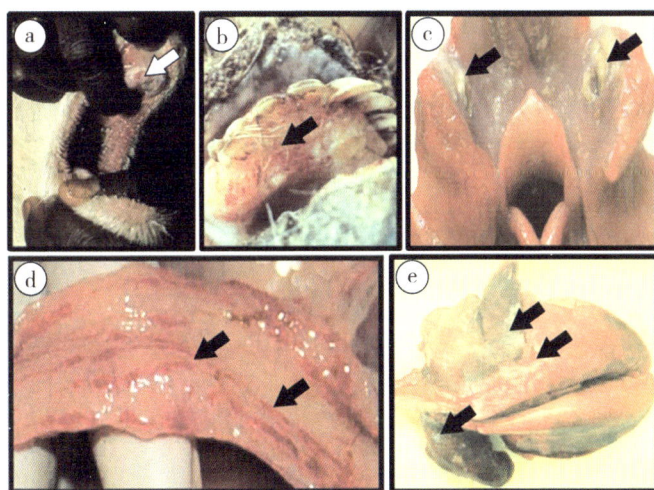

图 4.2　PPRV 感染山羊剖检的主要病理损伤。a. 牙齿坏死性病变；b. 牙龈和口腔病变；c. 口咽部位显示腭扁桃体病变和舌根部位的纤维蛋白沉积；d. 大肠内的斑马条纹；e. 肺实变导致肺炎

4.6 组织病理

PPRV 感染的组织病理变化和麻疹病毒属其他病毒感染的组织病理变化有许多共同特征，包括出现合胞体结构以及广泛性坏死。组织病理变化与疫病发展程度相关，虽然在疫病晚期可见合胞体结构，但如果感染动物只表现轻微症状，病理切片中并未发现合胞体（Pope 等，2013）。但是，即使感染动物只表现轻微症状，在感染后第 5 天起在淋巴结副皮质区、感染第 7 天开始在淋巴结皮质、滤泡、脾脏白髓和胃肠黏膜下层淋巴结见到大小不一的融合细胞（Pope 等，2013）。研究还发现在感染后第5天，在淋巴结副皮质区发现融合细胞和单个细胞的坏死或凋亡，但随后开始下降，说明细胞核碎片在淋巴结内迅速降解。淋巴结水肿并有轻微淋巴缺失。在脾生发中心可见中度至重度淋巴缺失。扁桃体和脾脏组织的细胞坏死不像淋巴结那么明显。在扁桃体、面部以及消化道上皮组织的鳞状上皮细胞中可见合胞体细胞（Pope 等，2013）。

PPRV 严重感染病例中，可见肺泡巨噬细胞的胞核和胞浆内有大的包涵体、大量的中性粒细胞、纤维蛋白渗出以及多核巨细胞。这些组织病理变化也可能是由继发细菌感染或寄生虫感染引起的（Emikpe 等，2013）。肺泡衬细胞变为立方形，间质有中性粒细胞和淋巴细胞浸润。常见细支气管上皮衬细胞脱落，管腔内有脓性渗出物。偶尔可见肺实质的凝血坏死。还可见肠绒毛萎缩，黏液腺坏死，病程严重时，固有层会有淋巴细胞和浆细胞浸润。另外，还可以在整个肠道以及皱胃看到明显的弥漫性淋巴浸润和水肿，引起不同程度的隐窝损伤（Pope 等，2013）。固有层内见淋巴细胞合胞体，并伴有细胞坏死。

4.7 病毒抗原的免疫组化定位

Pope 等（2013）报道了感染不同时间，PPRV 在动物体内的分布情况。研究人员用野毒株（Côte d'Ivoire'89）鼻内途径感染了 15 只山羊，感染后，根据实验设计采取活体样品和剖检采样。这样可以准确的监测从病毒血症高峰期到康复期的整个病毒感染过程（Pope，2013）。

从实验结果来看，无论是感染的早期还是后期，淋巴组织中都有病毒抗原分布，这充分证明了 PPRV 的嗜淋巴细胞的特性（表 4.3）。在感染后的不同时间点，通过免疫组化技术（IHC）检测淋巴组织内抗原（图 4.3）。最早在感染后第 5 天可以在淋巴结和扁桃体样品中检测到 PPRV，通过免疫标记扩散到淋巴结/扁桃体的皮质/滤泡区域的程度判断感染前淋巴结的副皮质区和扁桃体弥漫淋巴组织受到影响最大（表 4.3）。PPRV 抗原多分布在淋巴结的副皮质区、髓索和非滤泡以及被膜下的一些区域，并有大量坏死和凋亡细胞（图 4.3a～c）。从感染后第 7 天开始，采集的淋巴结和扁桃体切片，IHC 免疫标记阳性（图 4.3d，e）。在感染后第 5 天和第 7 天，左侧肩胛骨前的淋巴结副皮质区还可以看到明显的细胞融合（图 4.3e，箭状标记）。从感染后第 5 天到感染后第 7 天，咽部扁桃体可见 PPRV 抗原（图 4.3h）。咽后淋巴结最容易检测到 PPRV 抗原，扁桃体也存在大量病毒抗原，特别是在感染后的第7～9天（表 4.3）。

表 4.3　不同感染时间 PPRV（Côte d'Ivoire'89）抗原在淋巴组织中的分布

		剖检组织的抗原检测		
		第 5 天	第 7 天	第 9 天
咽后淋巴结（RPLN）	被膜下区域	+/++	+++	++
	滤泡/外套膜	0/+	++	+/++
	生发中心	+	++	+
	副皮质区	++/+++	++/+++	+/++
	髓质	+/++	++	0/+
肠系膜淋巴结	被膜下区域	+	+++	++/+++
	滤泡/外套膜	0	++/+++	+/++
	生发中心	0/+	++	+
	副皮质区	++	++/+++	++
	髓质	+/++	++	+
左侧肩前淋巴结	被膜下区域	++	++/+++	++/+++
	滤泡/外套膜	+	+/++	+/++
	生发中心	+	+/++	+
	副皮质区	+/++	++	++
	髓质	++	+	+

（续）

		剖检组织的抗原检测		
		第 5 天	第 7 天	第 9 天
右侧肩前淋巴结	被膜下区域	+	++	++
	滤泡/外套膜	0	+/++	+/++
	生发中心	0/+	+	+
	副皮质区	++	++	++
	髓质	++/+	+/++	+
髓窦淋巴结	被膜下区域	+	++/+++	+++
	滤泡/外套膜	0/+	+/++	++/+++
	生发中心	0/+	++	++
	副皮质区	+/++	++	++
	髓质	+	+	+/++
扁桃体	滤泡/外套膜	0/+	++/+++	++
	生发中心	0/+	+++	+/++
	弥漫淋巴组织	++	+++	++
	隐窝上皮组织	+	++/+++	+++
脾脏	动脉周围淋巴鞘（PALS）	0	+	+/++
	滤泡/外套膜	0	/	/
	生发中心	0	/	/
	红髓	0	0/+	+

注：在感染后第 2 天、第 5 天、第 7 天、第 9 天和第 21 天采集组织样本进行 IHC 检测。第 2 天和第 21 天所有组织的抗原检测都是阴性，结果没有列入。在每个时间点都取 3 只动物组织免疫标记平均值。在相同组织的抗原密度决定了分值的高低。对切片按照 3 种不同染色情况进行分级。免疫标记分值划分如下：0 ＝ 无免疫标记；＋ ＝ 轻微免疫标记；＋＋ ＝ 中度免疫标记；＋＋＋ ＝ 明显的免疫标记；上述 4 个类别之间存在中间等级，以使分析具有更大的灵活。/ ＝没有这类组织切片。

在感染后的第 2 天和第 5 天，免疫组化没有在表皮组织中检测到抗原。在感染后第 7 天的鼻组织切片中可见黏膜糜烂、轻度表皮细胞肿胀和淋巴细胞增多。免疫组化在鼻部皮肤/黏膜样品的固有层上皮细胞和淋巴细胞中检测到病毒抗原（Pope 等，2013）。在感染后第 9 天，在鼻、唇以及眼结膜的黏膜细胞中能够检测到大量病毒抗原，舌头的上皮细胞和固有层淋巴组织也能检测到病毒抗原（Pope 等，2013）。直到感染后期，从感染后第 9 天开始，才能够在整个肠道中检测到病毒抗原。免疫组化检测分析病毒抗原在感染动物全身的分布情况详见 Pope 等人的研究论文（2013）。

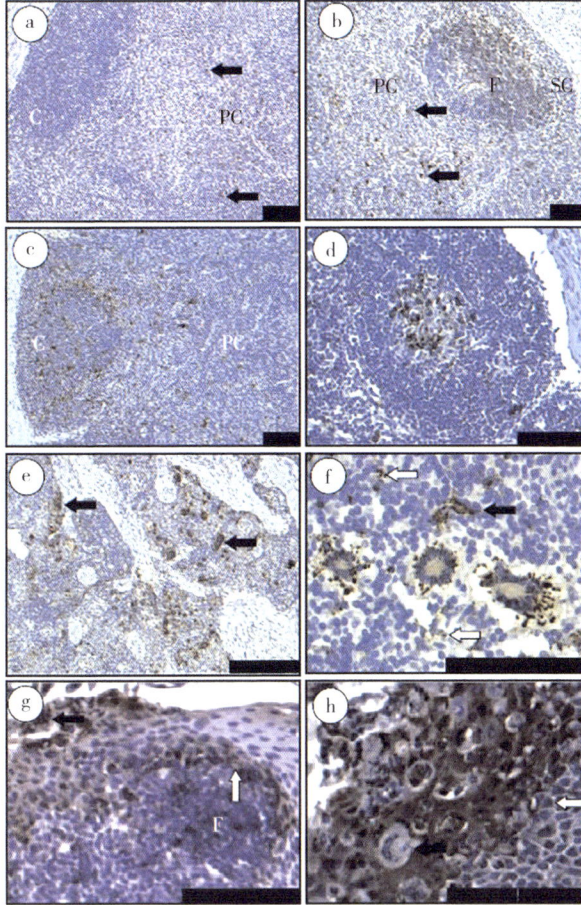

图 4.3　淋巴组织切片的 PPRV IHC 显示 PPRV 感染的相关特征。a. 咽后淋巴结副皮质区（PC）的免疫标记（箭状标记）比皮质区（C）多（感染后第 5 天）；b. 在感染后第 7 天，抗原分布在肠细胞淋巴结的被膜层和滤泡。副皮质区仍有抗原（箭状标记）；c. 免疫标记主要在咽后淋巴结皮质区（感染后第 9 天），副皮质区也有；d. 与 b 相比，肠系膜淋巴结滤泡的生发中心有病毒抗原，套细胞区没有（感染后第 9 天）；e. 左侧肩前淋巴结（LPSLN）髓质内可见大量免疫标记，形成大量合胞体（箭状标记）；f. LPSLN 副皮质区存在大量的免疫标记和合胞体（感染后第 7 天）。还可见病毒抗原阳性的树状细胞（箭状标记）和一个被感染的淋巴细胞（空心箭状标记）；g. 咽部扁桃体内可见免疫标记（感染后第 5 天），表明早期感染的淋巴上皮接近感染的淋巴滤泡（空心箭状标记），淋巴滤泡（F）底部与隐窝腔相邻（实心箭头）；h. 咽部扁桃体更严重的上皮感染（第 7 天），形成合胞体。比例尺为 $100\mu m$。数据引自 Pope 等（2013）

4.8 推测的小反刍兽疫发病机理

基于目前文献推测 PPRV 以及其他的麻疹病毒属病毒的复制起始于鼻咽和呼吸道上皮细胞（Borrow 和 Oldstone 1995；McChesney 等，1997；Yanagi 等，2006），病毒在这些部位的感染要早于淋巴器官的感染，在淋巴器官的感染开启了病毒的第 2 轮复制（Esolen 等，1993；Osunkoya 等，1990）。von Messling 等（2006）推测口腔内淋巴细胞是病毒最初大量复制的靶标，之后才感染远处其他器官。Farina 等（2004）提出，麻疹病毒的首要目标是那些在呼吸道中使用 SLAM／CD150 作为受体的 SLAM（淋巴细胞活化分子）阳性的单核细胞、树突状细胞（DC）与淋巴细胞。SLAM 是白细胞活化与分化抗原（Veillette，2006），是麻疹病毒属病毒侵入细胞的受体（Tatsuo，2001）。SLAM 通常在未成熟的胸腺细胞、记忆 T 细胞、部分 B 细胞、活化的单核细胞/巨噬细胞以及成熟的树突状细胞中表达（Romero 等，2004）。SLAM 不在上皮细胞中表达。Popo 等检测了病毒感染后第 2 天和第 5 天的前驱期的病毒抗原分布，尽管在感染后第 2 天在任何组织都检测不到病毒抗原，但到了第 5 天在淋巴组织中检测到大量病毒抗原，也包括鼻咽黏膜没有汇集的淋巴结内。鼻内接种感染早期并未在非淋巴组织中检测到病毒抗原，考虑到麻疹病毒感染的亲细胞特性（Osunkoya 等，1990；Esolen 等，1993），由此推测病毒是通过血液和高内皮细胞微静脉（HEVs）到达较远的淋巴或网状细胞内的淋巴细胞。研究认为存在于呼吸道黏膜上皮内和固有层里的免疫细胞，如巨噬细胞和/树突状细胞，可以将呼吸道管腔内的 PPRV 带到局部淋巴器官 T 细胞丰富的区域。PPRV 在进入体内循环之前，就在上述区域开启了 SLAM 介导的复制。这项研究暗示 PPRV 在感染后 5d 之内就发生病毒血症。外周血淋巴细胞（PBLs）和结膜拭子标本的聚合酶链反应（PCR）阳性结果也能够证明这个推测，但现有数据还不能确定病毒血症开始的具体时间。

SLAM mRNA 的表达和 PPRV 在不同宿主的外周血单核细胞的复制

似乎高度相关（Pawar 等，2008a，b）。SLAM mRNA 的表达水平在山羊最高，其次是绵羊、普通牛和水牛。然而，当 SLAM 被抗 SLAM 抗体阻断时，PPRV 滴度降低了 100 倍，但并没有完全被中和。这表明，PPRV 会使用替代受体（Pawar 等，2008a，b），有一些研究提出，Nectin-4 是 PPRV 感染的第 2 受体（Birch 等，2013）。Nectin-4 位于上皮细胞内侧。这种细胞定位模式正好符合推测的病毒入侵机制——在病毒血症之后，PPRV 利用呼吸道和胃肠道上皮细胞中的 Nectin 受体来进行第 2 轮复制并导致临床症状进一步恶化。然而，Nectin-4 在组织中的表达水平通常与这些组织的感染程度不一致，因此，Nectin-4 的确切功能有待进一步研究（Birch 等，2013；Pope 等，2013）。

麻疹病毒属病毒表现很强的淋巴组织嗜性，并在感染过程中破坏白细胞，从而引起免疫抑制（Rajak 等，2005）。PPRV 感染的急性期，即感染后 4~10d，动物表现出明显的白细胞减少症。即使发生轻度感染，病毒血症会出现在发病前 5d，并一直到发病后的第 7 天，总的外周血淋巴细胞（PBL）计数可能会减少到感染前的 40%（Pope 等，2013）。存活动物的淋巴细胞计数往往在感染 12d 后开始恢复，在感染 16d 后恢复正常。El Harrak 等研究发现，用 Morocco/2008 毒株通过静脉注射、皮下注射及鼻内途径等 3 种途径感染山羊，感染 2~4d 后白细胞总数（WBC）从 12 575 个/μL 下降到约 4 725 个/μL（图 4.4）。此外，不同接种途径对循环白细胞数影响程度不同。皮下接种组在感染后第 4 天循环白细胞水平降到最低，并在第 4 天到第 8 天一直维持低水平，直到动物康复白细胞计数才会上升。静脉内接种组白细胞计数维持低水平的时间比其他组长（El Harrak 等，2012）。这种机制与感染结果密切相关，因为只要白细胞急剧减少，那么继发感染就会使临床症状恶化。最近研究再次证明，发生免疫抑制的感染动物相比没有表现白细胞减少的动物临床表现发展更严重，死亡率更高（Jagtap 等，2012）。

在白细胞减少期间，会继发细菌、病毒或原虫感染。呼吸系统的感染最典型。肺炎是 PPR 田间感染后期常见临床症状，而继发溶血性巴氏杆菌（FAO，2008）等细菌感染是肺炎最常见的病因。在 Pirbright 研究所的生物安全 3 级实验室中进行攻毒试验，英国白山羊表现出非常轻微的症状，没有发生肺炎症状（Pope 等，2013）。但为什么感染实验中，鼻内接

白细胞平均绝对值计数（μL）

.... 静脉注射感染的山羊
.... 皮下注射感染的山羊
.... 鼻内接种感染的山羊

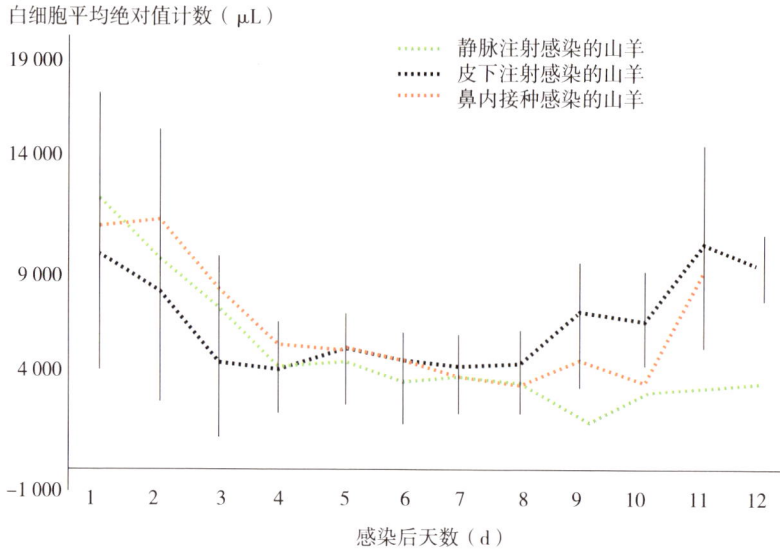

图 4.4　静脉注射、皮下注射、鼻内接种感染 PPRV 的山羊白细胞计数的比较

种感染 PPRV（Côte d'Ivoire'89/1）强毒株，只引起轻症的原因尚不清楚。之前的研究也观察到类似结果（Mahapatra 等，2006）。事实上，尽管尚不清楚是哪种机制决定了疫病的严重程度，除了孤立的临床观察结果，对不同品种的易感性也没有进行专门的研究，但可以推测品种易感性可能对临床症状有很大的影响（Couacy-Hymann 等，2007；Diop 等，2005）。营养状况、环境因素以及与存在寄生虫共感染等其他因素可加重病程，导致高发病率和高死亡率（Couacy-Hymann 等，2007；Ugochukwu 和 Agwu，1991）。

4.9　结论

PPRV 感染宿主表现不同的严重程度。PPRV 感染早期的发病机制还需要进一步研究，才能更好地了解病毒在宿主中的感染和传播机制。组织化学和组织病理学研究结果显示，PPRV 的复制起始可能并不在呼吸道黏膜上皮细胞，而在扁桃体和淋巴结。Pope 等（2013）提出 PPRV 被呼吸道黏膜内的免疫细胞识别，随后被免疫细胞运输到淋巴组织，病毒在这些组织中开始了初次复制后并进入血液循环。尽管推测 PPRV 复制的起始位点不在呼吸道黏膜上皮细胞内，但关于病毒感染早期的复制位点还需要进一步研究。感染后发生的严重免疫抑制是继发感染的诱因，也会大大增加死亡率。显然，还需要全面研究 PPRV 感染的病理机制，才能充分了解这种对经济有重要影响的病原体。

致谢：SP 和 AB 由 BBSRC/DFID 的 HH009485/1 项目资助。SP 的部分资金来自 FADH（BBSRC/DBT）的 BB/L004801/1 和 ANIHWA CALL1 的 IUEPPR BB/L013657/1 项目。SP 通过国际伙伴关系建立及交流计划（BBSRC）的 BB/I026138/1 和 BB/J020478/1 项目与中国 CAHEC 和印度 IVRI 合作，SP 是牛津大学詹纳研究所的研究员。

第五章 小反刍兽疫的分子流行病学
Ashley C. Banyard，Satya Parida

摘要：PPR 引起小反刍兽发生瘟疫，造成巨大的经济损失。PPR 在许多发展中国家呈地方性流行。PPR 已通过感染土耳其地区的绵羊和山羊蔓延到了欧洲发达国家。PPR 会对疫病流行地区小反刍兽养殖造成不同程度的影响，加剧贫困地区的贫困状态。PPR 是重要的跨界传播疫病，影响发展中国家，特别是西非和南亚地区农业的可持续发展和维持。本章我们回顾过去 16 年向世界动物卫生组织和世界参考实验室（WRL）提交的疫情报告。

5.1 简介

麻疹病毒属包含了一组对医学和兽医学都具有重要意义的病原体。从人类的角度来看，麻疹病毒（MV）在免疫状况和营养不良的人群中暴发，引起感染儿童死亡。从兽医学的角度来看，这组病毒包括犬瘟热病毒（CDV）、鲸目动物感染的麻疹病毒以及目前最受关注的病毒之一，牛瘟病毒（RPV）（Roeder，2011）。虽然通过 40 多年的努力，人们已经根除了牛瘟病毒，但牛瘟病毒的近亲 PPRV 依旧困扰着发展中国家的农业发展。消灭 RPV 后，人们把注意力转移到 PPR 上，也使 PPR 在流行地区，特别是发展中国家带来的问题逐渐得到关注。除了以上提到的病毒，还有在宿主身上发现的新型麻疹病毒有待属类划分，这些新型病毒包括猫科麻疹病毒（Woo 等，2012）以及来源于啮齿类动物和蝙蝠类动物具有副黏病毒遗传特性的一些病毒（Drexler 等，2012）。对这些分离株进一步分类和鉴定有助于进一步研究麻疹病毒属病毒的宿主特异性和进化机制。

在病毒学领域，有很多方式描述疫病的分子流行病学，这其中包括病毒的进化背景和地理分布等。最简单的研究方法就是利用各种生化和分子技术将病原分成不同类型。本章就是应用这种方法来研究 PPRV 各分离株的地理分布和分子差异。从流行病学的角度看，基因分型有助于对感染同一个物种的不同病毒进行谱系划分，更清晰显示病毒在地理范围内移动，弥补对病毒跨物种传播的认识不足。例如，起初人们认为犬瘟热病毒只感染犬科类动物，但多年后发现犬瘟热病毒宿主范围非常广泛，包括猫科、灵猫科、鼬科和鲸目科动物（Barrett 等，2006）。本章将探讨 PPRV 分离株的分类工具以及这些分离株在 PPR 流行区域的分布状况。

5.2　PPR 疫情的报告体系

历史上，PPR 和牛瘟病毒同时在畜群中流行，因此，PPRV 的历史报告病例有不准确性。事实上，山羊和绵羊感染牛瘟病毒表现急性、亚急性和不明显的症状（Anderson 等，1996），非常容易和 PPRV 感染混淆。随着 PPRV 确诊技术的建立和发展，根据疫病流行区的疫情报告，绘制出 PPR 的流行情况分布图。笔者将提交到世界参考实验室的 PPRV 疑似样本重新进行了确认（Banyard 等，2010），结合各国家向世界动物卫生组织提交的疫情报告以及科学文献中的报告，以下详细介绍 PPRV 的分子流行病学。

各国政府向 OIE 上报 PPR 疫情已实施超过 15 年，可通过 Handistatus（1996—2004 年）和 WAHID（2005 年至今）界面（www.oie. int）在线查询各个国家/地区每年或每个月的疫病报告数据。1996—

2005 年，根据 PPRV 感染的临床症状上报疫情，数据是以年度国家疫情报告中记录疫病暴发数量的形式收集。1996—2004 年，在 55 个非洲国家/地区中，只有 42%（n = 23）向 OIE 报告了 PPR 疫情，这些疫情多数都发生在西非。相比之下，到 2011 年，55 个非洲国家中有 96% 的国家报告了 PPR 的流行状况。但报告疫情的国家中有 31% 的国家报告没有发生疫情，这有可能是真正没有发生疫情，也有可能是有疫情但没有收到报告。在过去 6 年中，PPR 疫情报告数量急剧增加，非洲大部分地区都报告存在疫病。当然，发展中国家的报告体系还很不理想，突出体现在一些国家持续暴发疫情，而相邻的国家却没有报告发生疫情。

5.3 小反刍兽疫的发生历史

历史上牛瘟和小反刍兽疫感染难以区分，因此，很多 PPR 的疫情报告有互相矛盾的地方。最初在西非发现 PPRV，因此，人们相信该病毒起源于该地区，是牛瘟病毒的变种。随着对 PPRV 的特征研究的不断深入，最终得出了 PPRV 是有别于 RPV 的新型病毒的重要结论，并将其列入麻疹病毒属中，成为 RPV、MV、CDV 以外的第 4 位成员（Gibbs 等，1979）。随着分子检测方法的发展，可以利用病毒基因序列对分离株进行了序列分析，PPR 的疫情报告数据变得更加可靠。

多年来，PPR 一直被认为是非洲地区的地方病，但在 20 世纪 80 年代，在阿拉伯半岛的阿曼发现该病流行（Taylor，1984），随后在印度大范围流行（Shaila 等，1989）。PPR 在印度及其周边国家流行和传播，给亚洲和中东地区多数国家带来了沉重的经济负担。在该疫情大范围发生时期，疫病的高发病率与死亡率与牛瘟病毒在非洲大型反刍动物中流行时造成的破坏非常相似。但是，这些地区小反刍动物血清监测结果显示，PPRV 很可能在该地区已经存在了很长时间，20 世纪 80 年代疫情暴发起数的增加可能是由于高致病力毒株造成。目前，PPR 的真正起源在科学研究领域仍然未解，但可以肯定的是，PPRV 在小反刍动物种群中有非常长的流行历史。

5.4　PPRV 分子鉴定

随着 PPRV 基因分型技术的发展，对病毒、不同谱系及其在全球分布的认识逐渐成形。PPRV 的分子生物学特性已在第二章进行了详述，本章关注对开发病毒基因分型工具有意义的病毒分子生物学特性。麻疹病毒属病毒都包含单股负链不分节段的基因组，编码 6 个结构蛋白：核衣壳蛋白（N）、磷蛋白（P）、基质蛋白（M）、融合蛋白（F）、血凝素蛋白（H）、聚合酶蛋白（L）和 3 个非结构蛋白 C、V 和 W。病毒基因组为负链首先转录成信使 RNA 才能被宿主细胞翻译，产生病毒蛋白质。麻疹病毒属病毒和所有其他单分子负链 RNA 病毒都能按有效复制所需的比例合成 mRNA 转录本。为此，每个基因不同水平的表达受从负链基因组 3'端启动子到不同基因所在位置决定。麻疹病毒属病毒的基因顺序是 3'-N-P-M-F-H-L-5'。mRNA 转录时，转录酶复合体在基因组 3'端开始启动转录，并沿模板移动，在转录 N 基因前，生成 1 个短的前导 RNA。随着 N 基因的转录，转录酶复合体到达了一个基因终止序列，在这里 mRNA 被多聚腺苷酸化，在转录下一个基因前，基因间有个 3 个核苷酸。在转录过程中，转录酶复合物在每个基因边界处脱离模板，这意味着基因会产生转录梯度，3'近端基因比启动子远端的表达水平更高。因此，N 蛋白产生量最大，而 L 蛋白的产量依赖于催化量需求。这种转录梯度被视为调节基因合成的进化适应，同时这种转录梯度对于开发检测病毒核酸的分子生物学方法具有重要意义。

随着 PCR 检测技术的发展，已发现多个靶标可用于检测 PPRV 基因组。最初是由于 F 基因的保守性以及可用于进行系统发育分析，因此，选择保守的 F 基因做靶标。Forsyth 和 Barrett（1995）首次建立了以 F 基因为靶标区分 PPRV 和 RPV 的 PCR 检测方法，随后多年都是使用该基因进行分离株的系统发育分析。随着 PPRV 序列数据不断丰富，研究人员建立了新方法来提高 PCR 检测的灵敏度。由于 N 基因 mRNA 的丰度而被选为最适合的目标基因（Couacy-Hymann 等，2002）。此外，对大量 PPRV 分离株序列分析发现 N 基因靶序列在引物结合位点很保守，但扩增的序列上包括 N 蛋白的不同区域，因此能够更深入进行系统发育分析（Kwiatek 等，2007；Kerur 等，2008）。总之，不同实验室会根据本实验室所用的反应体系，选择 F 基因或 N 基因进行序列比较分析病毒谱系。基于系统发育分析，并且根据病毒从西非传播到东非的顺序，将非洲的病毒分离株由西向东分成 3 个谱系，Ⅰ系、Ⅱ系和Ⅲ系。根据这个命名法，基于 N 基因扩增序列的谱系分类如下：来自西非（包括塞内加尔、几内亚、几内亚比绍、科特迪瓦和布基纳法索）的病毒属于Ⅰ系；加纳、马里和尼日利亚的病毒分离株属于Ⅱ系；埃塞俄比亚和苏丹的病毒分离株属于Ⅲ系。有趣的是，基于 F 基因分类，Ⅰ系和Ⅱ系谱系整好和 N 基因分类谱系相反。为了避免之前分类发生混乱，就延续了这样的不同（Shaila 等，1996；Banyard 等，2010）。

近些年，基于 N 基因将 PPRV 分离株分为 4 个不同遗传谱系（图5.1）。其中，Ⅰ系主要是 20 世纪 70 年代的西非分离株以及近年来的中非分离株；Ⅱ系包括西非的科特迪瓦、几内亚和布基纳法索的分离株；Ⅲ系

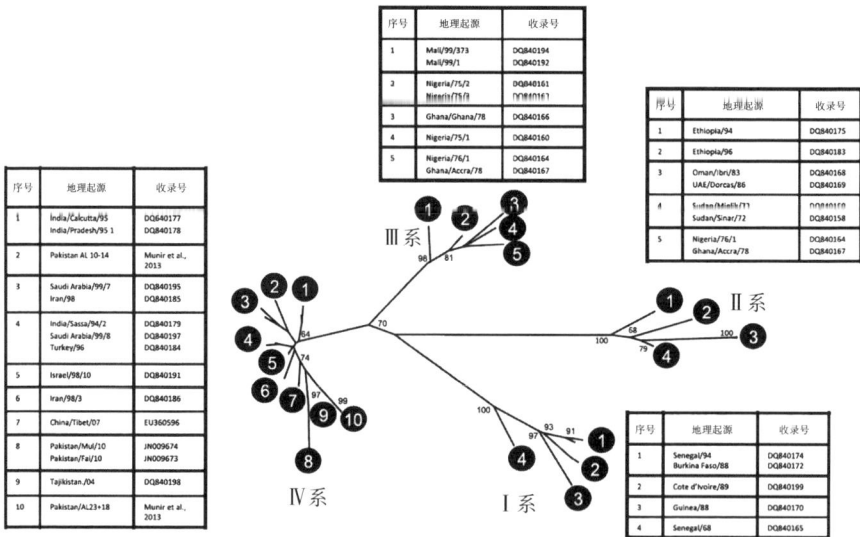

图 5.1　PPRV 分离株的系统发育分析。系统发育树是用 MEGA4（v4）分析 N 基因序列生成的（Couacy-Hymann 等，2005）。Kimura 的双参数模式被用于构建 NJ树（改编自 Munir 等，2013）。如果存在多个地理起源较近的序列，则包括差异性的序列。图中大的黑点标注了步长值

包括东非苏丹、也门和阿曼的分离株；Ⅳ系包括所有阿拉伯半岛、中东、南亚以及近年来几个非洲地区的分离株（Banyard 等，2010；Dhar 等，2002；Munir 等，2013）。这些基因数据通常用来构建 PPR 系统发育树以及归类分离株（Shaila 等，1996；Dhar 等，2002；Ozkul 等，2002；Banyard 等，2010）。病毒的谱系分类和不同分离株的致病力没有关系，更像是地理物种分布形成的结果。

以上概述了 PPRV 的历史以及用于分子分型的工具方法，接下来将详细介绍发展中国家的 PPRV 报告，重点是 OIE 报告的数据以及在科学期刊上发表的数据。

5.5　PPRV、小反刍兽数量和疫情报告体系

世界动物卫生组织成立于 1924 年，该组织是在 1920 年比利时发生牛瘟后创建的。本章只概述 1924 年 OIE 成立以来收到的 PPRV 报告。OIE 最早收到的 PPR 疫情报告是 1988 年通过世界粮食及农业组织（FAO）报告一些地区的 PPRV 检测情况。1996 年 HandiStatus Ⅱ 报告系统上线，在 1996—2004 年用于各成员上报疫情。2005 年，OIE 在"全球动物卫生信息查询系统"（WAHID）界面下向成员启动了新的报告系统。启动新的报告系统是为了鼓励各国之间报告疫病的透明度，并提升对动物疫病诊断的认识和相关培训。小反刍兽在一个区域的种群密度对疫病在该区域传播有很大的影响，本书的其他章节也有相似的论述。FAO 估计 PPRV 流行地区小反刍兽的种群数目是：中亚，43 118 821；非洲，264 275 400；近东，171 997 500；远东，647 518 989。估计全球小反刍动物总数为 18 014 344 416，这意味着全球约 62.5% 的家养小反刍兽有感染 PPRV 的风险（FAO，http：//www.fao.org/ag/againfo/resources/documents/AH/PPR_flyer.pdf）。本章选择 1996 年以来的数据进行小反刍兽疫流行病学分析，选择这个时间点出于 HandiStatus Ⅱ 报告系统在 1996 年启用以及 1996 年之后报告的数据可信度更高的考虑。因为在 1996 年，已经建立了多种敏感且特异的血清

学和分子生物学检测技术，有了这些技术，对疫情报告数据的准确度也更有信心。当然，对这些数据的分析也不能过度诠释。因为这些分析并没有考虑以下几个重要因素：疫情暴发规模，包括观察到的发病率和死亡率；感染动物种类；对小反刍兽种群数量的影响程度；国家内小反刍兽种群数量；地区内报告体系的可用情况。如果某个地区没有兽医服务，就无法做出准确的疫病诊断和报告，因此，疫病报告体系非常重要。除以上一些未知要素以外，一个地区是否还存在其他像PPRV一样能导致免疫抑制并加剧发病率和死亡率的病原体也不清楚。

5.6 非洲的 PPR 分子流行病学

　　非洲大陆有 57 个国家（独立地区），其中大部分国家仍依赖牲畜获得食物或者维持生计。本部分主要依据提交到 OIE 和 WRL 的报告以及发表文献中的数据，详细介绍 PPRV 在非洲大陆的分布情况。其中重点对 PRR 疫情造成沉重负担的国家的疫病流行情况进行分析。分布在非洲大陆周围的岛国一直维持无疫状态，只有偶尔的 PPRV 传入情况。目前 57 个非洲国家中，有 10 个是岛国，这些国家没有列入分析。

　　事实上，1996—2004 年，各地区向 OIE 上报疫情的差异很大，西非的一些国家疫情很严重，而东非只有埃塞俄比亚，中非只有喀麦隆和刚果民主共和国报告了疫情。在此期间，北非未报告发生 PPR。当然，尽管 OIE 报告对了解疾病流行情况非常重要，但一些地区没有疫情报告很可能是由于资源和设施的缺乏。一个典型的例子就是 PPR 在西非的大部分地区呈地方性流行，但被这些流行区包围的地区却没有疫病报告。当然，由于当前检测技术还无法实现区分自然感染和疫苗接种，一些接种疫苗地区免疫动物产生的抗体会干扰血清学检测结果，也会减少疫病报告数量。1996—2004 年和 2005—2011 年 OIE 接到疫情报数量的详细比较信息附后。

5.7　西非

　　历史上看，西非是向 OIE 报告疫情暴发起数最多的地区，在 1996—2004 年间，西非报告疫情暴发起数占整个非洲报告疫情暴发起数的 93.6％。疫情严重的国家集中在"黄金海岸"，其邻国也未能幸免。

　　从文献上看，非洲的 PPR 疫情最早是 1942 年在西非的科特迪瓦发生。PPR 持续在西非流行，在贝宁、加纳和尼日利亚等地频繁发生，2011 年分别报告了 188 起、177 起和 95 起疫情（图 5.2a）。疫病持续在西非地区流行，由于报告体系落后以及缺乏分子检测设备等原因，疫情报告数据和实际情况可能还有差异。有趣的是，尽管这些地区已经向 OIE 报告疫情很多年了，但很少采集样品进行基因分型。

　　从历史上看，1942 年在科特迪瓦首次发现 PPRV 之后，接下来在塞内加尔［1955 年—（Mornet 等，1956）］，尼日利亚［1967 年—（Hamdy 等，1976）；（Whitney 等，1967）］，多哥和贝宁［1972 年—（Benazet，1973；Bourdin，1973）］以 及 塞 拉 利 昂 ［2009 年—（Munir 等，2012b）］发现 PPR。尼日利亚早期 PPRV 分离株被用作生产减毒活疫苗的种毒，如今该疫苗在非洲用于控制 PPR。文献中报道的 PPR 疫情与 OIE 报告之间存在很大差异。根据文献报道，1996—2004 年，除利比里亚、毛里塔尼亚和塞拉利昂以外，其他所有西非国家都报告发生 PPR。综合各数据来源，目前唯一没有报告疫情的国家只有利比里亚，因此，推测 PPR 很可能在整个西非地区流行。

　　世界参考实验室对过去 16 年中收到的样品进行抗体或病毒核酸检测，证实布基纳法索（2008）、加纳（2010）、尼日利亚（2007）和塞内加尔（2010）有疫病流行。尽管目前对流行毒株的分子鉴定数据不足，但从获得的遗传学数据来看，西非流行的 PPRV 是谱系Ⅰ和谱系Ⅱ。除了 OIE 官方报告外，科学文献中还发表了不同动物品种感染 PPRV 的情况。最有意思的是，Obidike 等（2006）提出健康动物排毒可能会导致病毒在不同群体间传播，这个假设今天仍让研究人员感兴趣（Abubakar 等，

2012）。其他相关研究文献报道只有布基纳法索北部地区 Soaum 省的血清学阳性监测结果（Sow 等，2008）。据报道，PPR 在贝宁、加纳、几内亚、尼日尔、尼日利亚、塞内加尔和多哥等地的发病率很高，但缺乏疫情发生情况和流行毒株的分子特性等详细数据进行综合分析。

1996—2004 年	0	0	12	6	182
国家	1 西撒哈拉	2 毛里塔尼亚	3 马里	4 布基纳法索	5 尼日尔
2005—2011 年	0	45	12	29	67

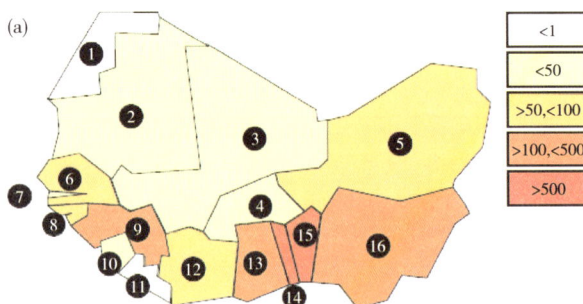

(a)

1996—2004 年	123	60	41	1014	0	0	24	613	823	547	951
国家	6 塞内加尔	7 冈比亚	8 几内亚比绍	9 几内亚	10 塞拉利昂	11 利比里亚	12 科特迪瓦	13 加纳	14 多哥	15 贝宁	16 尼日利亚
2005—2011 年	89	28	55	456	23	0	70	466	561	635	494

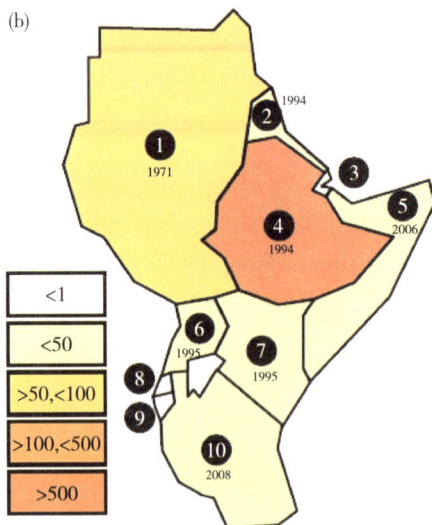

(b)

1996—2004 年	1	23	0	105	2	0	0	0	0	0
国家	1 苏丹	2 厄立特里亚	3 吉布提	4 埃塞俄比亚	5 索马里	6 乌干达	7 肯尼亚	8 卢旺达	9 布隆迪	10 坦桑尼亚
2005—2011 年	94	17	0	550	22	14	16	0	0	7

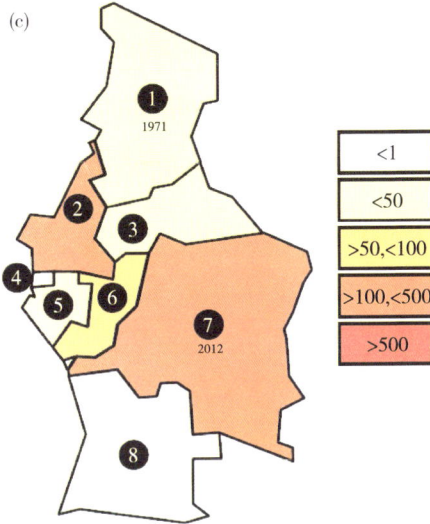

1996—2004 年	77	32	22	0	18	0	23	1
国家	1 乍得	2 喀麦隆	3 中非	4 赤道几内亚	5 加蓬	6 刚果共和国	7 刚果民主共和国	8 安哥拉
2005—2011 年	30	199	24	0	5	52	76	0

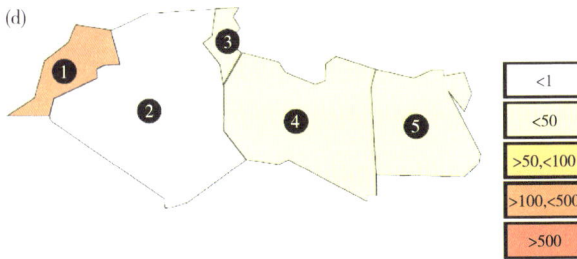

1996—2004 年	0	0	0	0	0
国家	1 摩洛哥	2 利比亚	3 突尼斯	4 阿尔及利亚	5 埃及
2005—2011 年	257	0	9	7	2

图 5.2　a. 西非发生疫情疫病的起数。图例颜色代表疫病发生的频率。表格罗列了每个国家在 1996—2004 年以及 2005—2011 年疫情发生起数。b. 东非疫情的发生起数。c. 中非疫情的发生起数。d. 北非疫情的发生起数

5.8 东非

东非包括布隆迪、吉布提、厄立特里亚、埃塞俄比亚、肯尼亚、卢旺达、索马里、苏丹，坦桑尼亚和乌干达等 10 个国家。PPR 在大多数国家中流行，只有卢旺达、吉布提和布隆迪没有报告疫情。2008 年和 2010 年卢旺达向 OIE 报告疑似 PPR 疫情。东非地区最早在 1996 年进行了基因分型，确定的病毒谱系是Ⅲ系。该谱系之前只在苏丹（1972）、阿拉伯半岛的阿曼（野生动物，1983）、阿拉伯联合酋长国（1986）流行。在印度南部也发现了Ⅲ系分离株，后面详述。从提交到世界参考实验室的样品血清学检测结果来看，肯尼亚（1999，2009）和乌干达（2005，2007）有 PPR 流行。进一步基因分类显示，病毒谱系归类为Ⅲ系［苏丹（2000），乌干达（2007）和坦桑尼亚（2010）］，同时也分离了Ⅳ系病毒苏丹（2000、2004、2008 和 2009，Saeed 等，2010）。提交 OIE 的报告显示，1996—2004 年间，埃塞俄比亚有疫病流行，厄立特里亚偶有疫病发生（图 5.2b）。从历史上看，PPR 疫情给埃塞俄比亚带来了沉重的经济负担。最早在 1977 年发生疑似疫情（Pegram 和 Tereke，1981），1984 年确认发生疫情（Taylor，1984），10 年后大范围暴发疫情（Roeder 等，1994）。文献报道也进一步证实 PPR 在埃塞俄比亚的大范围流行，以及对这个经济高度依赖农业的国家带来的影响（Waret-Szkuta 等，2008）。埃塞俄比亚 PPR 疫情流行的另外一个特别之处是，在骆驼中检测到了 PPRV 抗体（Ismail 等，1992；Haroun 等，2002；Abraham 等，2005；Albayrak 和 Gur，2010）。骆驼中分离到的病毒基因谱系也是Ⅲ系，和当地绵羊和山羊中的分离株密切相关（Roger 等，2001b）。这意味着 PPRV 可能是从小反刍动物传播到骆驼，导致骆驼感染，表现为高发病率，低死亡率，或者反过来说，骆驼在无免疫的小反刍动物中扮演了病毒"中转站"的角色。这些疫病传播方式的推论还需要进一步研究 PPR 在不同动物中的流行病学特征。尽管没有进行实验室确诊，2008 年和 2009 年，埃塞俄比亚还有 PPR 流行。随后按照山羊传染性胸膜肺炎（CCPP）疫苗免疫计划，开始实施疫苗免疫（Munir 等，2013）。

2005—2012 年，埃塞俄比亚和苏丹大范围暴发 PPR，肯尼亚、索马里、坦桑尼亚、厄立特里亚和乌干达的疫情发生频率较低（图 5.2b）。近年来的基因分析结果显示，苏丹地区流行的毒株Ⅲ系，也有Ⅳ系，Ⅳ系分离株有增多趋势（Saeed 等 2010；Kwiatek 等，2011）。尽管有研究推测印度南部Ⅲ系病毒流行少的原因是由于Ⅳ系病毒能更有效传播，但这是否反映了一个谱系到另一谱系分离株的优势，还有待基因分析和流行病学分析加以验证。

在 1994—2004 年，肯尼亚、乌干达和坦桑尼亚没有向 OIE 提交疫病报告，因此，很难了解当地 PPR 的历史流行情况（图 5.2b）。但该地区的疫病流行情况可能比疫情报告的情况更严重。肯尼亚的疫情在 2006 年最严重，暴发了 10 起 PPR 疫病，图尔卡纳区出现首例疑似 PPR 病例后，疫情席卷了 16 个地区，疫情给当地的粮食安全造成了严重影响，并严重影响了农民的生计。此次疫情幼畜死亡率高达 100%，青年和成年牲畜死亡率分别为 40% 和 10%（Munir 等，2013）。据估计，2006—2008 年，疫情影响了肯尼亚的 16 个地区超过 500 万只牲畜，每年造成 10 亿肯尼亚先令（1 500 万美元；1 050 万英镑）的经济损失。在实施了疫苗免疫和隔离措施后，肯尼亚控制了疫情蔓延。然而，受到资金不足、疫苗供应、缺乏训练有素的工作人员实施疫苗接种计划、部落冲突、干旱以及游牧部落的流动性等诸多因素的影响，PPR 控制依旧困难重重（无名，2008）。2007 年在乌干达暴发了严重的 PPR 疫情。2008 年对牲畜接种了疫苗，避免了一场食物短缺危机（RO-CEA，2008）。据报道，PPR 流行的血清学检测的总发病率 > 50%。然而，血清学检测却无法分清牲畜是通过自然感染还是接种过疫苗产生了抗体。对已知接种疫苗、已知未接种疫苗和免疫状态未知的动物进行血清学检测，结果显示阳性率分别为 55.3%、11.7% 和 53.3%。这更突出了使用 DIVA 疫苗的潜在好处（Banyard 等，2010）。在乌干达流行多个谱系的病毒，有Ⅰ系、Ⅱ系和Ⅳ系（Luka 等，2012）。

尽管邻国检测出 PPRV，但坦桑尼亚多年来没有 PPR 的报道。在坦桑尼亚，PPRV 似乎在很长一段时间内没有出现，尽管近几年在邻国发现了这种病毒，但坦桑尼亚一直没有疫情报告。Swai 等（2009）研究报道在坦桑尼亚的绵羊和山羊群中存在 PPR 的自然传播，血清阳性率分别为 40％和 50％（Munir 等，2013）。值得关注的是，在坦桑尼亚，PPR 很有可能向南移动，感染那里没有免疫的高度易感畜群。PPR 继续向南传播会对非洲南部发展共同体带来潜在的威胁，FAO 建议非洲南部发展共同体的国家应警惕 PPR 传入，同时坦桑尼亚应做好大面积疫苗接种工作来控制疫病流行（FAO，2012）。目前，坦桑尼亚只发现了Ⅲ系病毒，而相邻的乌干达却有其他谱系病毒流行，因此，有其他谱系病毒传入坦桑尼亚的潜在可能性。

2006 年，在肯尼亚大范围暴发疫情时，索马里也受到疫病的影响，尤其是在中部地区疫情最为严重。幸运的是，索马里的地质地形特点阻止了 PPR 在整个国家的蔓延。2009 年，索马里开始实施包围接种手段来阻止病毒进一步扩散（Nyamweya 等，2008）。索马里地区流行的病毒遗传特征还有待证实，鉴于索马里周边国家绝大多数流行Ⅲ系病毒，因此，推测索马里地区流行的病毒也属于Ⅲ系。

在 1999 年、2001—2003 年间，毛里求斯岛报告了 PPR 疫病。分析疫情是由于非洲大陆携带传入，但还缺乏相关的病毒分子生物学数据来证明传播链条。

5.9 中非

历史上，人们一直对 PPR 是否在非洲中部流行有疑问。结论是肯定的，因为在乍得检测到了 PPRV。1995 年，在乍得进行的病毒分离和动物回归试验证实该地区存在 PPRV（Bidjeh 等，1995）。除此以外，中非的 PPR 疫情报告数量不多，只有喀麦隆的研究人员报告开展了疫苗接种后和初乳中 PPRV 抗体的动态研究。1996—2004 年，只有喀麦隆、加蓬、中非共和国和刚果民主共和国向 OIE 报告发生 PPR 疫情（图 5.2c）。但是，在最近一些年，除了安哥拉似乎未发生感染，中非大部分地区都检测到了 PPRV，相应的疫情报告数量也有所增加。2009—2011 年，赤道几内亚报告了疑似病例，但没有最终确诊。刚果民主共和国最近一次大规模疫情有超过75 000只山羊被感染，疫情致死率高，超过 100 万只小反刍兽受到感染威胁（FAO，2012）。幸运的是，此次疫情暴发期间，FAO 迅速实施了疫苗接种，疫情得以控制。FAO 启动了应急资金用于支持 PPR 防控：给周边未感染地区超过 50 万只绵羊和山羊接种疫苗；通过禁止在公共牧场放牧及暂停牲畜交易和运输来限制动物流动；通过乡村广播和村级会议提升农户防范意识；向农户宣传预防 PPRV 流行的知识；加强主动监测；开展临床兽医和准兽医现场诊断和疫病调查相关培训。2008 年，坦桑尼亚暴发 PPR 疫情，如果疫情继续向南传播，南部非洲发展共同体，包括安哥拉、博茨瓦纳和赞比亚将处于高风险。这些国家已提高防范意识并将预防 PPR 作为防疫工作重点。从遗传谱系分析来看，中非地区只流行Ⅳ系病毒。但考虑到乌干达同时有Ⅰ系、Ⅱ系和Ⅳ系病毒流行，尼日利亚流行Ⅱ系病毒，苏丹和坦桑尼亚流行Ⅲ系病毒，对该地区的分离株进一步分析很可能会发现有多个谱系流行。

5.10　北非

北非代表的是非洲大陆北部连接撒哈拉沙漠和撒哈拉沙漠以南的国家和地区，包括 7 个国家/地区：阿尔及利亚、埃及、利比亚、摩洛哥、苏丹、突尼斯和西撒哈拉。历史上这些国家没有发生 PPR 疫情，直到 2008 年，在摩洛哥暴发大面积疫情（图 5.2d）。此次疫情期间，当地兽医机构报告摩洛哥 61 个省中有 36 个省发生了超过 250 起疫情。尽管疫情引起的发病率和致死率不高，但严重影响了摩洛哥与阿尔及利亚以及西班牙之间的商业贸易。正是考虑到这些贸易因素，摩洛哥政府非常重视 PPR 疫情并且开始实施疫苗接种。为超过 2 060 万只绵羊和山羊接种了疫苗（EMPRESS，2008）。摩洛哥流行的 PPRV 基因分类为Ⅳ系（Khalafalla 等，2010）。尽管，2008 年摩洛哥 PPR 疫情的来源仍未确定。但从其他研究提供证据来看，突尼斯（Ayari-Fakhfakh 等，2011）和阿尔及利亚（De Nardi 等，2012）等北非其他国家也有 PPR 流行，推测在北非其他没有报告疫情的地区也可能存在病毒流行。

1987 年之后，埃及就很少发生 PPR（Ismail 和 House，1990；Ismai 等，1990）。在过去的 16 年里，埃及仅向 OIE 报告过 2 次疫情。但有阿斯旺省发生 PPR 疫情的文献报道（El Hakim，2006）。从基因分类上看，埃及流行的病毒分离株属Ⅳ系，因此，推测埃及可能是亚洲流行谱系进入非洲的通路。埃及的洲际间的地理位置以及穿越马格里布的贸易线路是可能的传播路径。但是，现在非洲的其他几个地区都发现了Ⅳ系病毒，因此，这样的传播路线推论还有待证实。

5.11 亚洲和中东的 PPR 分子流行病学

PPR 在亚洲和中东地区流行范围广，但和非洲 PPR 流行情况一样，疫情带来的损失还没有量化确定。此外，畜群感染 PPRV 后表现不同的临床症状意味着疫病有可能在畜群之间传播而不被发现，只是偶尔引起大规模暴发。与非洲一样，亚洲和中东的许多国家都依靠牲畜来获得食物或维持生计，因此，PPR 会给农户的生活带来巨大影响。本节会详细介绍 PPRV 在亚洲的分布，数据来源与 OIE 和世界参考实验室的疫情报告以及出版的文献资料。此外，本节还对过去 20 年 PPR 发生和报告情况进行分析。

历史上，中东的沙特阿拉伯（Asmar 等，1980）和阿拉伯联合酋长国（Furley 等，1987）都曾检测到 PPRV。20 世纪 80 年代末在印度的泰米尔纳德邦检测到 PPRV（Shaila 等，1989），这是亚洲首次报告疫情。20 世纪 90 年代，亚洲的许多地区都有 PPR 流行，并且流行范围似乎在持续扩大。1996—2004 年，亚洲只有少数几个国家向 OIE 报告 PPR 疫情，其中印度疫情是最严重的。同时期，中东地区的伊朗、沙特阿拉伯、也门和阿曼也报告发生大规模疫情（图 5.3）。此外，巴基斯坦和孟加拉国虽然没有向 OIE 报告疫情，但在发表的文献中有疫情的详细报道。以下是过去 20 年间，亚洲和中东地区的 PPR 疫情情况。和分析非洲地区疫情流行情况一样，会分别比较 1996—2004 年和 2005—2011 年每个地区的疫情暴发起数。除了分析这些数据，在图 5.3 中还对各地区之间疫情发生情况进行了比较。

1996—2004 年	26	182	16	69	384	1119	44	111	0	894	2
国家	1以色列	2巴勒斯坦	3约旦	4沙特阿拉伯	5也门	6阿曼	7阿拉伯联合酋长国	8伊拉克	9科威特	10伊朗	11阿富汗
2005—2011 年	13	430	0	26	658	842	23	35	104	5431	424

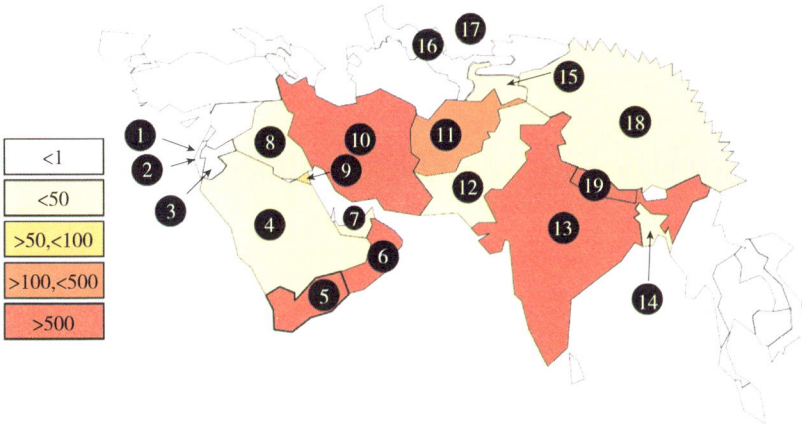

1996—2004 年	7	2291	7	1	1	1	0	2165
国家	12巴基斯坦	13印度	14孟加拉国	15塔吉克斯坦	16乌兹别克斯坦	17哈萨克斯坦	18中国	19尼泊尔
2005—2011 年	14	2928	5	3	0	0	6	1075

图 5.3　亚洲和中东地区 PPR 疫情暴发起数。图例颜色代表疫情暴发起数。表格为每个国家在 1996—2004 年以及 2005—2011 年疫情暴发起数。用最近疫情暴发起数进行颜色标注

5.11.1　印度

印度是全球牲畜饲养量最多的国家之一，绵羊和山羊的养殖量约为 1.902 亿只，占全球小反刍兽总数的 10%。养殖区域大致分成绵羊养殖区和山羊养殖区。孟加拉邦、拉贾斯坦邦、北方邦、马哈拉施特拉邦、比哈尔邦、泰米尔纳德邦和中央邦等 7 个邦主要养殖山羊；安得拉邦、拉贾斯坦邦、卡纳塔克邦和泰米尔纳德邦等 4 个邦主要养殖绵羊。正如之前叙

述，印度绝大多数山羊和绵羊的养殖都是由小农户或无地农民养殖
（Metha 等，2011）。据估计，印度有 1.26 亿只山羊和 5 820 万只绵羊，
这些牲畜主要由小农户和无地农民饲养。这种农业模式导致社会贫困阶层
过度依赖绵羊和山羊养殖，一旦发生 PPR 疫情，会给他们带来严重影响。
从经济角度看，PPR 每年给印度带来的经济负担约为 18 亿印度卢比
（3 900万美元，2 100 万英镑）（Singh 等，2004）。疫情带来的损失除了
牲畜死亡、产奶量和产肉量下降之外，还包括疫苗免疫费用。

历史上，印度最早从 1987 年开始报告发生 PPR，但很可能在此之前
疫病已经在印度流行了很多年。所有印度分离株的病毒谱系都是 Ⅳ 系
（Shaila 等，1996；Dhar 等，2002）。唯一例外的是 1992 年在泰米尔纳德
邦分离到的Ⅲ系病毒。至今还不能解释该地区为何会出现Ⅲ系病毒感染，
推测病毒是由于贸易引入该地区，但没能在当地种群中流行，或者被当地
流行株替代（Dhar 等，2002；Banyard 等，2010）。

最近流行病学研究鉴定出了很多密切相关的Ⅳ系 PPRV（Kerur 等，
2008）。印度北部（Kataria 等，2007）、东部（Saha 等，2005）、西南部
（Chavran 等，2009；Santhosh 等，2009）和南部半岛（Raghavendra 等，
2008）等地的 PPR 疫情，表明 PPR 在印度呈地方性流行。1996—2004
年，亚洲总计向 OIE 报告了 7 000 多起 PPR 疫情，其中印度报告疫情暴
发起数超过 30%。PPR 的流行已成为当地养殖业可持续发展的严重障碍。
近年来的研究还发现，大型反刍动物（包括普通牛和水牛）的 PPR 血清
抗体阳性率很高（Balamurugan 等，2012）。目前还不清楚这一发现对研
究 PPRV 是否有意义。

5.11.2　巴基斯坦

巴基斯坦旁遮普省报告了首例临床疑似 PPR 病例（Pervez 等，
1993），随后 RT-PCR 证实病毒属于Ⅳ系（Amjad 等，1996）。1996—
2004 年，巴基斯坦向 OIE 报告了 PPR 疑似病例，但因缺乏兽医医疗机
构，很难获得相关详细信息。因此，巴基斯坦只报告了疫情，而没有报告
疫情的数量和范围。尽管这些报告缺乏必要的数据，从很多 PPR 血清学
和分子生物学检测的文献报道也可以了解到 PPR 在巴基斯坦的流行情况。

有些地区对临床疑似病例进行了血清学检测（Khan 等，2008；Zahur 等，2008；Rashid 等，2010；Abubakar，2011；Munir 等，2013）。巴基斯坦的一些 PPRV 分离株为Ⅳ系（Munir 等，2012a）。巴基斯坦及邻国还需要进行更全面的 PPR 流行病学调查。

5.11.3 近东

在阿富汗、塔吉克斯坦、库尔德斯坦以及相邻国家都发现 PPR 感染，说明该地区并不像之前一直认为的无 PPR 流行。2005 年之前，阿富汗只报告了疑似疫情。但在 2005—2012 年之间，阿富汗向 OIE 报告了 424 起疫情，这些报告除了疫情暴发起数外，其他信息很不完整。当然，国际冲突给疫情上报带来了很大的困难。历史上，这个地区很可能在 20 世纪 90 年代中期就有 PPR 流行，但只有血清学证据。直到 2003 年，对很多临床疑似病例进行血清学检测，检测到很多血清学阳性，但由于没有 DIVA 疫苗，很难排除疫苗接种产生的血清学阳性（Martin 和 Larfaoui，2003）。因此，要确定目前当地 PPR 的流行状况，还需要进行更广泛的疫病监测。相邻的塔吉克斯坦报告过 PPR 疫情（Kwiatek 等，2007），尽管数据有限，但可以推测 PPR 在塔吉克斯坦地区流行（Lundervold 等，2004）。该地区的其他国家，包括 2000 年报告疫情的乌兹别克斯坦的疫病流行情况还需进一步证实。

5.11.4 远东

目前，远东地区只有尼泊尔和中国检测到 PPR。2007 年 7 月，中国首次在西藏阿里地区发现 PPR（Wang 等，2009）。病毒分离株在遗传上和邻国印度、尼泊尔和塔吉克斯坦的分离株相关。从 OIE 报告看，PPRV 已经在尼泊尔和印度等地流行很多年，两地都受到疫情的严重影响（图 5.3）。研究报道认为西藏出现 PPR 疫情，很有可能是由于当地兽医缺乏 PPR 专业知识，因此没有及时识别出 PPRV 引起的临床症状。疫情发生后，当地政府机构快速做出反应，给易感种群接种了疫苗，并成功阻止了疫病在整个中国的蔓延。研究人员在野生喜马拉雅岩羊和巴拉尔野绵羊

（*Pseudois nayaur*）也检测到 PPRV（Bao 等，2011）。巴拉尔野绵羊主要生活在中国、尼泊尔、印度、巴基斯坦和不丹。在尼泊尔种群密度达到 0.9～2.7 只/km²。目前，PPR 在巴拉尔野绵羊中的感染情况还不清楚，巴拉尔野绵羊在疫病传播中扮演什么样的角色还需进一步跟踪研究。但在这次疫情中，巴拉尔野绵羊的感染很可能发生在当地家畜疫情之后（Wang 等，2009；Bao 等，2011）。此外还发现，该区域的巴拉尔野绵羊和蒙古瞪羚都出现了感染死亡（Elzein 等，2004；Couacy-Hymann 等，2005）。随着从该地区及周边地区获得更多的序列数据，对巴拉尔野绵羊 PPRV 的全基因组分析结果将对于分析该地区 PPR 的流行病学特点非常有意义。

关于远东地区 PPR 的其他报告来自老挝，老挝在 1998 年报告了 PPR 疫情，但此后没有报告。越南在血清学样品中检测到 PPRV 抗体（Maillard 等，2008），在不丹检测到Ⅳ系病毒。从这些报告推测，PPR 在远东地区的流行可能比目前报道的范围更广。PPR 很可能已经蔓延到很多相邻国家，但由于当地对疫病的不熟悉而未被发现或者诊断为临床症状相似的疫病。

3.11.5 阿拉伯半岛和中东地区

阿拉伯、阿曼、也门、阿联酋以及卡塔尔都向 OIE 报告过 PPR 疫情，说明 PPRV 已经在阿拉伯半岛流行多年。尽管沙特阿拉伯在 20 世纪 90 年代才首次从感染山羊中分离到病毒，但从文献报道看，20 世纪 80 年代就有疫病流行（Abu Elzein 等，1990）。2002 年 4 月，沙特阿拉伯报告发生绵羊和山羊疫情，死亡率高达 100%（Housawi 等，2004）。之后，又有许多血清学调查和疫情的报告（Al-Dubaib，2008，2009）。对于沙特阿拉伯而言，最重要的是迄今为止还没有骆驼感染 PPR 的报告。尽管 PPRV 在其他地区感染骆驼并造成骆驼大面积死亡，但骆驼在储存和传播病毒的作用还不清楚（Roger 等，2001；El-Hakim，2006）。同样是在阿拉伯半岛，阿联酋（Kinne 等，2010）和卡塔尔（2010）报告在禁猎区发现多种野生生物感染Ⅳ系 PPRV。在卡塔尔同时流行Ⅲ系和Ⅳ系病毒（Banyard 等，2010）。最近在野生鹿中检测到病毒使卡塔尔的 PPR 流行情况变得更加复杂。和巴拉尔野绵羊感染情况一样，野生动物感染 PPR 以及向家养动物传播的潜在威胁仍然未知。Ⅲ 系 PPRV 持续在也门以及阿拉伯半岛最南端国家流行，但没有Ⅳ系病毒传入。除这些报告外，在约旦北部也检测到 PPR 抗体，黎巴嫩血清阳性率高达 48.6%（Attieh，2007）。对这些地区流行毒株的进一步基因分型将有助于更好的分析该区域 PPR 的流行情况。

　　PPR 在中东其他地区的流行病学报道很少。2020 年，伊拉克检测到 PPRV，疫病表现为高发病率和低死亡率（Barhoom 等，2000）。回溯性血清学检测发现，1994 年 PPR 就已经在该地区流行（Banyard 等，2010）。和邻国伊朗相比，伊拉克向 OIE 报告的疫情很少。和阿富汗一样在国际冲突时期，提供兽医服务无疑是一件非常困难的事情。在过去的 16 年里，伊朗报告疫情占 OIE 收到上报疫情的 32%，2005—2011 年报告发生 5 000 余起疫情（图 5.3）。伊朗曾尝试通过疫苗免疫来控制疫病流行，但免疫措施实施的覆盖范围还很有限。例如，2011 年，伊朗全国不到 8 000 万只小反刍兽中仅有 350 万只接种了疫苗。而在此期间，又报告发生了 2 000 多起疫情。很明显，伊朗需要大范围的疫苗接种措施才能阻止疫病继续蔓延。从历史上看，从 1995 年伊朗确认发生 PPR 后，疫病就开始在该国大部分地区流行（Bazarghani 等，2006）。遗传进化分析，伊朗流行的毒株都是Ⅳ系，和周边国家流行的病毒高度相关。

5.12　PPRV 对欧盟构成威胁吗

　　1996 年，土耳其报告发生 PPR（Ozkul 等，2002）。PPR 持续在土耳其流行，使欧盟对 PPR 更加重视，特别是在根除了牛瘟之后。PPR 在土耳其持续流行，在土耳其西部的布尔萨省（Yesilbag 等，2005）、穆拉省和艾登省（Toplu，2004）大范围发生。2005 年，土耳其大范围暴发 PPR 疫情。2011 年，土耳其总计向 OIE 报告了 200 多起疫情，为预防和控制疫病的持续蔓延，对超过 1 300 万只小反刍兽接种了疫苗（WAHID，www.oie.int）。鉴于当地疫病流行的严重程度，加上安纳托利亚和色雷斯也有 PPR，疫情传入东欧邻国的风险居高不下。目前，土耳其所有的病毒分离株都属于Ⅳ系。

PPR 的传入途径除了从土耳其蔓延到欧盟外，在北非地区还有另一种潜在的疫病传播途径，就是北非经摩洛哥到西班牙南部的贸易路线。地中海地区的绵羊和山羊贸易非常重要，但涉及进口贸易的地区如果不能充分意识到进口带来的疫病风险，很可能会带来严重后果（Minet 等，2009）。

5.13 结论

PPR 持续在许多发展中国家流行，对当地的小反刍动物养殖带来严重危害。近年来，之前没有 PPRV 感染的地区也开始陆续报告 PPR 疫情。牛瘟消除后，人们更加重视 PPRV 以及未发生疫病的地方对病毒的认识不足等诸多因素使 PPR 新疫情不断发生。目前 PPRV 的分子生物学研究数据还很缺乏，还需要进一步研究 PPRV 变异情况以及不同动物品种的感染情况。

第六章　非常规宿主中小反刍兽疫的流行情况和对疫病根除的影响

P. Wohlsein，R. P. Singh

摘要： PPR 是由麻疹病毒属 PPRV 引起的高度接触性传染病，主要感染家养小反刍兽，同时还感染水牛、骆驼和多种野生有蹄类动物。PPRV 能够感染骆驼，引起严重症状，但在实验条件下很难复制出自然感染状况。在亚洲和阿拉伯半岛的不同地区都有 PPRV 感染野生动物的病例报道。也有从绵羊或山羊传播到非常规宿主的流行病学证据。尽管有确切的证据表明 PPRV 能够感染许多野生动物，但这些野生动物在 PPRV 流行病学中的作用还未知。虽然到目前为止没有发现 PPRV 在这些宿主中引发疫情，但绝不能低估野生动物宿主的流行病学作用，这对 PPR 的防控和根除具有重要的意义。

6.1　简介

PPRV 属于单股负链 RNA 病毒目（Tober 等，1998），副黏病毒科麻疹病毒属的第 4 位成员（Gibbs 等，1979）。麻疹病毒属病毒还包括已经在全球根除的牛瘟病毒、人的麻疹病毒、犬瘟热病毒和猫麻疹病毒（Woo

等，2012）以及一些海洋哺乳动物的麻疹病毒（de Swart 等，1995）。麻疹病毒属的病毒粒子自然状态下呈多形性，脂蛋白膜包裹核蛋白核心，内有病毒 RNA 基因组（Haffar 等，1999）。病毒基因组是单股负链 RNA 病毒，长约 16kb（Haas 等，1995）。基因组被分为 6 个转录单元，共编码 2～3 个非结构蛋白（V、W 和 C）和 6 个结构蛋白，包括表面糖蛋白融合蛋白（F）和血凝素蛋白（H）、基质蛋白（M）、核蛋白（N）、磷蛋白（P）和大蛋白（L）（Diallo 等，1994）。目前已经有 9 株 PPRV 分离株的全基因组序列，包括 1 个 Ⅰ 系毒株（Côte d'Ivoire'89），2 个 Ⅱ 系毒株（Nigeria/76/1 和 Nigeria/75/1），1 株 Ⅲ 系毒株（Ethiopia/94）和 5 个 Ⅳ 毒株（Turkey/2000，Tibet/30/2007，Tibet/2007，Tibet/Bharal/2008 和 Morocco/2008）。另外，也有印度疫苗株（Sungri/96）较完整的序列。非常难得，在 9 个毒株中有野生岩羊分离株的完整序列（Bao 等，2012）。

表面糖蛋白 H 和 F 蛋白介导病毒的吸附和入侵敏感宿主细胞（Scheid 等，1972）。表面糖蛋白抗体在麻疹病毒属病毒引起宿主的免疫反应中发挥十分重要的作用（Norrby 等，1986）。M 蛋白形成病毒包膜的内层，因此充当表面病毒糖蛋白和核糖核蛋白核心之间的桥梁。鉴于 M 蛋白的位置，它在病毒从感染细胞中出芽，形成新的病毒粒子的过程中起到了核心作用。N 蛋白是病毒中最丰富的蛋白，是核衣壳最重要的组成部分。它在病毒转录和复制中扮演重要的角色（Kingsbury，1990）。N 蛋白数量大，因此，N 蛋白和 N 基因常用于 PPRV 的诊断检测。PPRV 特异 N 蛋白单克隆抗体已用于检测病毒抗原（Libeau 和 Lefevre，1990；Singh 等，2004a）。

麻疹病毒的 *P* 基因有 3 种蛋白产物。全长 mRNA 转录形成 P 蛋白。一个选择性开放阅读框中形成较小的多肽，称为 C 蛋白。V 蛋白是 *P* 基因在 RNA 编辑时插入的 1 个碱基 G，导致密码子发生移位而产生的非结构蛋白（Haas 等，1995）（详见第二章）。

6.2　小反刍兽疫的流行病学和地域分布

PPRV 导致小反刍动物（主要是家养的山羊和绵羊）发生高度接触性

传染病，4 月龄至 1 岁的幼畜高度易感。PPR 在非洲西部、中部、东部和北部以及近东、中东、阿拉伯半岛和亚洲等多地流行（Banyard 等，2010；Munir 等，2013）。全球有超过 60％的家养小反刍动物有感染 PPRV 的风险。目前对 PPRV 宿主易感性和发病率的了解还很有限，因此，PPRV 的宿主范围还不确定，尤其是涉及的野生动物。近年来发生了几起野生动物感染病例，PPR 也被认为是非家养小反刍兽的新发疫病。很难对野生动物种群的疫病发生和死亡情况进行监测，很多潜在病例可能仍未被发现。

由于山羊和绵羊同样易感牛瘟病毒，表现的临床症状和 PPRV 感染相似，因此，在牛瘟根除前，PPR 的流行病学更为复杂（Forsyth 和 Barrett，1995）。PPRV 的流行范围和牛瘟类似，在非洲、亚洲和中东等地区呈地方性流行。如今，在一些国际组织，如 OIE、FAO 提供疫苗的帮助下（Singh，2011；OIE，2012），一些非洲和亚洲国家正在通过大规模的疫苗免疫来控制 PPR。有计划的实施大规模疫苗免疫能够改变 PPR 流行地区的疫病流行态势。

已经确定了来自全球不同地理区域的 PPRV 分离株的亲缘关系。基于融合蛋白（F）（Dhar 等，2002；Özkul 等，2002）和核蛋白（N）（Kwiatek 等，2007）将病毒分为 4 个遗传谱系（Ⅰ～Ⅳ系），谱系具有地理分布特性（图 6.1）。4 个病毒谱系中，有 3 个在非洲，1 个在亚洲，包括西非流行的Ⅰ系，尼日利亚和喀麦隆流行的Ⅱ系，东非流行的Ⅲ系和亚洲流行的Ⅳ系。印度南部报告发生了唯一一次Ⅲ系病毒（India/TN/92）感染（Shaila 等，1996）。之后，印度再也没有报告发生Ⅲ系病毒感染。近年来，Ⅳ系 PPRV 快速蔓延，在摩洛哥和西藏引发疫情（Wang 等，2009；Kwiatek 等，2011）。

尽管基因型不同，但 PPRV 只有 1 种血清型。这意味着同一种疫苗不受基因型限制，对所有谱系 PPRV 都有效。当然前提是当地的兽医主管部门不反对使用不同谱系的疫苗病毒。根据现有文献可知，病毒趋于向邻近新的未感染地区传播（Banyard 等，2010）。从野生动物分离出的Ⅳ系病毒和典型的中国分离株关联密切，通过这一线索可推断，进口家养或野生小反刍动物很有可能使病毒从亚洲传播到阿拉伯联合酋长国。而另一种可能是Ⅳ系病毒已压过其他 3 个谱系的病毒而占据了主要地位（Albina

等，2013；Munir，2014）。

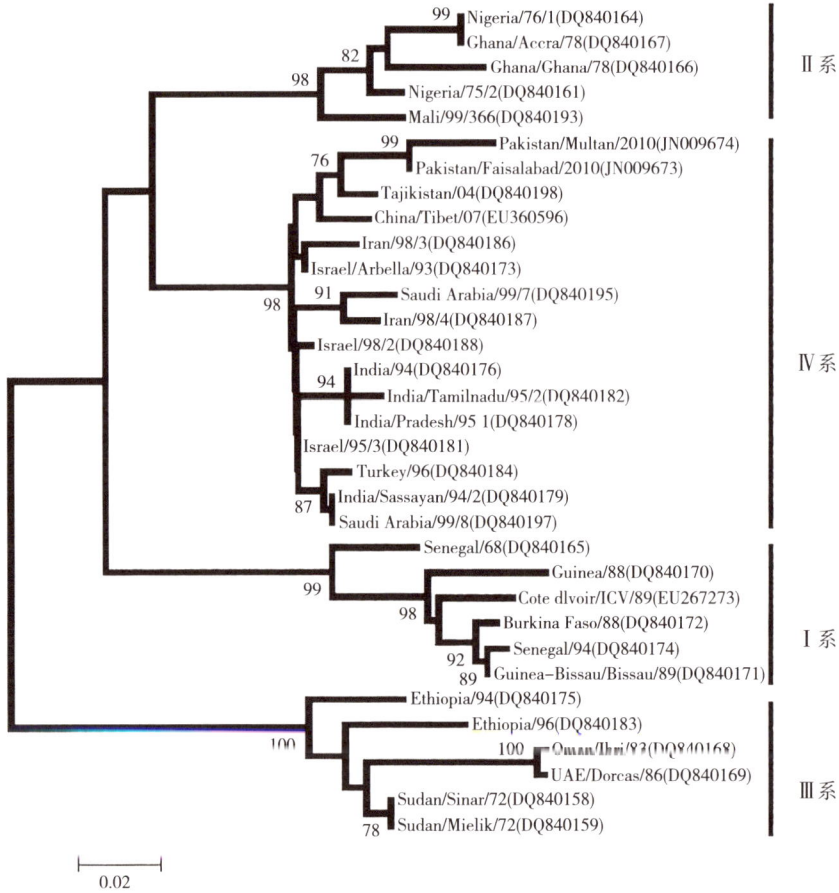

图 6.1　基于 *F* 基因序列绘制的 PPRV 分离株系统发育树

6.3　PPRV 的宿主

山羊和绵羊是 PPRV 的高敏感性宿主（Wohlsein 和 Saliki，2006）。除了这些家养的小反刍动物，PPR 的全部敏感宿主范围仍然未知（Barrett，1994）。自然感染和实验感染敏感宿主，表现为亚临床感染到致死性病症的不同临床症状。除家养亚洲水牛（也称为印度水牛）外，没有家养大型反刍动物在自然条件下感染 PPRV 并表现临床症状的报告（Govindarajan，1997）。非洲很多国家的家养牛能够自然感染 PPRV，但只存在抗体，不表现明显临床症状（Anderson 和 McKay，1994；Haroun 等，2002）。在发生 PPR 感染地区驯养的和野生非洲水牛（*Syncerus caffer*）没有明显的临床体征，但可能发生约 10% 的血清转化（Couacy-Hymann 等，2005）。在实验条件下，牛感染 PPRV 或接触有临床症状的感染山羊都不会表现临床症状。但感染牛能产生抗体，对牛瘟病毒有抵抗作用（Mornet 等，1956；Dardiri 等，1976；Gibbs 等，1979），并且通过泪腺分泌物排毒（Nanda 等，1996）。猪在试验条件下感染 PPRV 或同表现临床症状的感染山羊接触后不发生感染，血清抗体转阳，但没有向邻近山羊或猪传播病毒（Nawathe 和 Taylor，1979）。因此，牛和猪可能作为 PPRV 的终宿主。

非洲和东亚一些国家，包括埃塞俄比亚、尼日利亚、苏丹、埃及和土耳其的血清学调查结果显示单峰骆驼（*Camelus dromedarius*）对 PPRV 敏感（Ismail 等，1992；Roger 等，2001；Haroun 等，2002；Abraham 等，2005；Abubakar 等，2008；Albayrak 和 Gür，2010；Saeed 等，2010）。自然感染的骆驼表现明显的临床症状（Roger 等，2000；Khalafalla 等，2010；Kwiatek 等，2011），实验条件下感染也表现轻微的临床症状（El-Hakim，2006）。

PPR 还能感染野生牛科，包括羊亚科、牛亚科、羚羊亚科、短角羚亚科、麂羚亚科、苇羚亚科和高角羚亚科，以及鹿科的空齿鹿亚科等有蹄类动物。但是，目前关于不同物种的易感性和疫病流行情况的了解还非常有限。系统发育分析显示野生有蹄类动物的 PPRV 分离株均属于Ⅳ系（Munir，2014）。非洲、阿拉伯和亚洲地区的一些野生动物从物种生物学特性和种群密度而言，都是 PPRV 感染的易感宿主（Anderson，1995），但在家养山羊和绵羊流行地区，野生动物感染病例的报告却非常少。

表 6.1 总结了各地不同动物品种的血清学和病原学调查结果。有趣的是，目前没有西非野生反刍动物感染 PPR 的临床报告。有些物种仅有自然感染 PPR 的血清学证据，它们包括：非洲灰霓羚（*Sylvicapra*

表 6.1　不同地区自然感染 PPRV 野生动物的血清学检测和/或病毒分离鉴定

地区和受影响物种图例	物种（俗名）	物种（拉丁学名）	血清学	病毒鉴定	参考文献
非洲 	非洲灰麂羚	丛麂羚（Sylvicapra grimmia）	+	未鉴定	Ogunsanmi 等（2003）
	北非麂羚	狷羚（Alcelaphus buselaphus）	−	是	Couacy-Hymann 等（2005）
	非洲水牛	非洲水牛（Syncerus caffer）	+	是	Couacy-Hymann 等（2005）
	迪氏水羚	迪氏水羚（Kobus defassa）	+	是	Couacy-Hymann 等（2005）
	赤羚	水羚羊（Kobus kob）	−	是	Couacy-Hymann 等（2005）
	蓝牛羚	蓝牛羚（Boselaphus tragocamelus）	+	未鉴定	Furley 等（1987）
阿拉伯半岛	拉利斯顿绵羊	东方盘羊美尼亚拉利斯顿亚种（Ovis gmelini laristanica）	未鉴定	是	Furley 等（1987）
	努比亚源羊	努比亚羱羊（Capra nubiana）	未鉴定	是	Furley 等（1987）
	好望角大羚羊	剑羚（Oryx gazella）	未鉴定	是	Furley 等（1987）

（续）

地区和受影响物种图例	物种（俗名）	物种（拉丁学名）	血清学	病毒鉴定	参考文献
阿拉伯半岛	小鹿瞪羚	小鹿瞪羚（Gazella dorcas）	＋	是	Furley 等（1987）Abu Elzein 等（2004）
	汤普森瞪羚	汤氏瞪羚（Eudorcas thomsonii）	未鉴定	是	Abu Elzein 等（2004）
	跳羚	跳羚（Antidorcas marsupialis）	未鉴定	是	Kinne 等（2010）
	阿拉伯山瞪羚	阿拉伯瞪羚（Gazella gazella cora）	未鉴定	是	Kinne 等（2010）Sharawi 等（2010）
	阿拉伯瞪羚	山瞪羚（Gazella gazella）	未鉴定	是	Kinne 等（2010）
	瑞姆瞪羚	（Gazella subguttorosa marica）	未鉴定	是	Kinne 等（2010）
	蛮羊	蛮羊（Ammotragus lervia）	未鉴定	是	Kinne 等（2010）
	薮羚	薮羚（Tragelaphus scriptus）	未鉴定	是	Kinne 等（2010）
	黑斑羚	高角羚（Aepyceros melampus）	未鉴定	是	Kinne 等（2010）
	阿富汗捻角山羊	捻角山羊（Capra falconeri）	未鉴定	是	Kinne 等（2010）

（续）

地区和受影响物种图例	物种（俗名）	物种（拉丁学名）	血清学	病毒鉴定	参考文献
亚洲	印度水牛	印度水牛（*Bubalus bubalis*）	未鉴定	是	Govindrajan 等（1997）
	长尾黄羊	鹅喉羚（*Gazella subgutturosa*）	＋	不是	Gür 和 Albayrak（2010）
	崖羊	岩羊（*Pseudois nayaur*）	＋	是	Bao 等（2011）
	信德野山羊	信德野山羊（*Capra aegagrus blythi*）	未鉴定	是	Abubakar 等（2011）
	波斯野山羊	野山羊（*Capra aegagrus*）	未鉴定	是	Hoffmann 等（2011）
	波斯狮	亚洲狮（*Panthera leo persica*）	未鉴定	是	Balamurugan 等（2012）

grimmia）、蓝牛羚（*Boselaphus tragocamelus*）、迪氏水羚（*Kobus defassa*）、非洲水牛（*Syncerus caffer*）和鹅喉羚（*Gazella subgutturosa subgutturosa*）。狷羚（*Alcelaphus buselaphus*）和水羚羊（*Kobus kob*）检测到了基因片段。有一些物种对 PPR 敏感并表现明显的临床症状，包括：小鹿瞪羚（*Gazella dorcas*）、瑞姆瞪羚（*Gazella subguttorosa marica*）、阿拉伯山瞪羚（*Gazella gazella cora*）、山瞪羚（*Gazella gazella*）、汤普森瞪羚（*Eudorcas thomsonii*）、剑羚（*Oryx gazella*）、拉里斯顿绵羊（*Ovis gmelini laristanica*）、努比亚羱羊（*Capra nubiana*）、薮羚（*Tragelaphus scriptus*）、高角羚（*Aepyceros melampus*）、跳羚（*Antidorcas marsupialis*）、蛮羊（*Ammotragus lervia*）、阿富汗捻角山羊（*Capra falconeri*）、岩羊或喜马拉雅蓝羊（*Pseudois nayaur*）、信德野山羊（*Capra aegagrus blythi*）和野山羊（*Capra aegagrus*），其中瞪羚特别敏感（Munir，2014；Munir 等，2013）。从岩羊感染 PPRV 的报告推测蒙古瞪羚（*Procapra gutturosa*）和藏羚羊（*Pantholops hodgsoni*）也可能发生感染并死亡（Bao 等，2011）。

美洲白尾鹿（*Odocoileus virginianus*）在实验条件下能够感染 PPRV，血清转阳并表现临床症状（Hamdy 和 Dardiri，1976）。非反刍野生动物感染 PPRV 实验显示，PPRV 可以感染家兔，但没有引起病毒传播和表现临床症状（Komolafe 等，1987）。此外，在死于锥虫病的亚洲狮（*Panthera leo persica*）组织中检测到了 PPRV（Balamurugan 等，2012）。

6.4　PPR 的血清流行病学

血清阳性率和血清流行病学是评判所有感染性病原体出现和地方性流行的重要指标。目前有非小反刍兽物种 PPRV 抗体阳性的报道。这为制定 PPR 控制措施和实施区域性根除计划提供了基础的信息支持。疫苗接种、动物饲养模式以及地理位置不同都是 PPR 这类高度接触性传染病的流行病学影响因素。近年来，不断采用新的诊断技术来研究不同国家 PPR 的血清阳性率和血清流行病学情况（Singh 等，2004b；Libeau 等，1995）。这些研究报告总的血清阳性率在 30%～40%，说明有 1/3 的小反刍兽感染 PPRV 之后康复（Singh 等，2004c）。除了表 6.1 所列的野生动物感染 PPRV 的单独报告外，目前还没有有组织的野生动物 PPR 抗体调查。从几种野生动物感染 PPRV 报告发现，病毒在动物体内能够复制，并表现临床症状。因此，这些物种的 PPR 流行情况对于区域内或者全球范围内根除 PPR 都有着重要的影响。

6.5　PPR 引起非常规宿主的临床症状

PPRV 感染非常规宿主与常规宿主（绵羊和山羊）表现类似的临床症状（Wohlsein 和 Saliki，2006）。但感染产生的后果有差异，具体产生差异的原因还不清楚（Wernery，2011）。推测不同毒株致病力、不同物种和个体易感性可能是造成感染后果存在差异的原因。此外，年龄、季节、宿主免疫状况、并发感染、应激和存在寄生虫感染等因素也应考虑（Munir 等，2013）。

圈养的印度水牛（*Bubalus bubalis*）感染 PPRV 后表现发热、结膜充血、大量流涎、抑郁等症状。病死率达到 96%，并且病死率和年龄不相关。死亡病例多为母牛（Govindarajan 等，1997）。印度摩拉小牛实验条件下感染 PPRV，除表现短暂发热外，没有出现其他临床症状（Govindarajan 等，1997）。

单峰骆驼感染 PPRV 表现的临床症状变化很大，这种差异可能是由于感染毒株不同引起的。Ⅱ系和Ⅲ系 PPRV 感染能够引起以呼吸窘迫、腹式呼吸（曾称为骆驼传染性肺炎或登山热）、流泪、发热以及最终沉郁为特征的自发性传染性急性呼吸系统疾病，发病率高达 90%，死亡率约为 5%（Roger 等，2000；Kwiatek 等，2011）。从受感染的骆驼中还分离出马链球菌马亚种（*Streptococcus equi* ssp. *equi*）和溶血性曼氏杆菌（*Mannheimia haemolytica*），推测可能是继发感染病原体。在一起由Ⅳ

系毒株引起的疫情中，表现的临床症状是健康动物突然死亡。感染动物出现黄色至血性腹泻和流产。其他症状包括皮下水肿、颌下肿胀和胸痛，偶见咳嗽。还会引起产奶量减少和体重减轻，一些病例还会出现持续 2 周的饥渴症状。死亡率在 50% 以内，并且不分年龄、性别和品种都可以感染。但成年动物、最近生产和怀孕母畜更容易死亡（Khalafalla 等，2010）。

在沙特阿拉伯和迪拜进行的动物感染实验，骆驼只表现亚临床感染或观察到咳嗽、流涕和发热等轻微呼吸道感染症状，感染骆驼能感染给其他骆驼和山羊，但不感染绵羊（El-Hakim，2006）。感染 Ⅳ 系病毒的公骆驼既没有表现出临床症状，也没有血清转阳（Wernery，2011）。

目前，对野生有蹄类动物感染 PPRV 的报道比较少，主要是由于对自由生活的野生动物种群开展检测很困难，发病的野生动物在被发现时常常已经死亡，因此，许多潜在的 PPR 病例可能没被发现。

小鹿瞪羚（*Gazella dorcas*）和汤普森瞪羚（*Eudorcas thomsonii*）感染 PPRV，经过 3～4d 的潜伏期后（Munir 等，2013），会表现特急性或急性临床症状。相比较而言，瞪羚感染牛瘟病毒后会表现亚急性反应（Scott，1981）。最初表现食欲不振、呆滞，随后高热达到 41.5℃。其他症状包括内眦结痂流泪、黏膜充血、嘴唇黏膜缺损、口腔软腭和硬腭乳头状、鼻腔有分泌物、鼻孔周围分泌物结痂导致喷嚏、呼吸深沉、大量流涎、吧嗒嘴以及血性、黑色腐臭腹泻。最后动物只能躺卧并伴随体温过低和颤抖，出现症状后 2～3d 内死亡，病死率高达 100%。这表明瞪羚似乎是最易感 PPRV 的野生反刍动物（Furley 等，1987；Hafez 等，1987；Abu Elzein 等，2004；Sharawi 等，2010）。也有报告称，南非剑羚会出现伴有腹泻的特急性和急性症状（Furley 等，1987）。临床病理显示，感染 PPRV 的瞪羚会出现血液浓稠、红细胞数量增多和淋巴细胞减少症（Furley 等，1987；Abu Elzein 等，2004）。

信德源羊（*Capra aegagrus blythi*）感染的典型症状是发热、厌食、精神萎靡和消瘦。此外，还观察到鼻孔周围黏脓性硬壳和结膜炎并伴有分泌物（图 6.2 a,b）。齿龈有干酪状坏死物覆盖。青年动物和成年动物出现死亡（Abubakar 等，2011）。感染 Ⅳ 系病毒的岩羊（*Pseudois nayaur*）表现临床症状有黏脓性眼鼻分泌物、腹泻和跛行（Bao 等，2011）。同样感染 Ⅳ 系毒株的成年野山羊（*Capra aegagrus*）出现消瘦、脱水、虚弱、

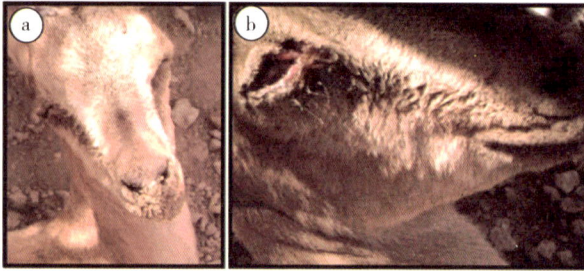

图 6.2 巴基斯坦信德羱羊（*Capra aegagrus blythi*）感染 PPRV 表现的临床症状。a. 鼻孔周围黏脓性硬壳；b. 眼部分泌物增多，出现严重的黏液脓性结膜炎（这 2 项数据由巴基斯坦伊斯兰堡的 Muhammad Abubakar 博士友情提供）

共济失调、黏脓性鼻腔分泌物、溃疡性角膜炎和结膜炎，并大量死亡（Hoffmann 等，2011）。

实验条件下，美洲白尾鹿（*Odocoilus virgianus*）感染 PPRV 会发生病毒血症，表现亚临床症状或表现发热、黏脓性鼻腔分泌物、结膜炎和糜烂性口炎等症状，后期出现腹泻，随后死亡（Hamdy 和 Dardiri，1976）。

6.6 非常规宿主的病理学

6.6.1 镜检结果

在非洲和阿拉伯地区，PPR 感染非常规宿主的主要表现是胃肠炎。而亚洲野生有蹄类动物感染的主要表现是肺部感染，上消化道糜烂性和溃疡性损伤并不常见。

印度水牛（*Bubalus bubalis*）感染 PPR 表现为皱胃炎并伴随腹壁水肿以及遍及整个肠道的出血性胃肠炎（Govindarajan 等，1997）。单峰骆驼感染Ⅳ系病毒表现肺部充血、上叶大面积实变等肺炎症状，淋巴结发炎肿胀。此外，还表现出血性胃肠炎，肝脏呈浅棕色、易碎。偶尔可见嘴唇肿胀及舌部出血性溃疡（Khalafalla 等，2010）。

有报道详细描述了小鹿瞪羚（*Gazella Dorcas*）感染 PPRV 不同发展

阶段的眼观病理学（Furley 等，1987）。特急性死亡动物显示严重的皱胃炎，肠道没有炎症，但直肠有积液。疫病继续发展，肠道会出现炎症，并可观察到瘤胃黏膜充血。疫病后期直肠和结肠黏膜可见条纹状出血（又称为斑马纹或老虎条纹）（Roth 和 King，1982）。瘤胃黏膜和舌部也可能发生坏死。阿拉伯联合酋长国发生 PPR 疫情时，一些野生动物感染也出现同样的病理变化，有的病例出现化脓性肺炎，个别病例出现口腔黏膜糜烂性缺失（图 6.3a；Kinne 等，2010）。纤维素性胸膜炎，腹膜炎，脾脏出血和唇部、舌部糜烂性损伤比较少见。舌部病变从舌背左右两侧出现多病灶糜烂开始，发展为溃疡并逐渐遍布整个舌背。软腭偶见糜烂性损伤。瞪羚的其他病理变化还包括：食道黏膜表面类黏蛋白沉积，瘤胃中空，乳头充血，皱胃出血，幽门和显著充血肿胀，幽门区域和派伊尔结水肿、衰竭、有出血性边缘，肠道糜烂，肺部、肝脏、肾脏、胰腺和大脑充血，肺部水肿（Abu Elzein 等，2004）。

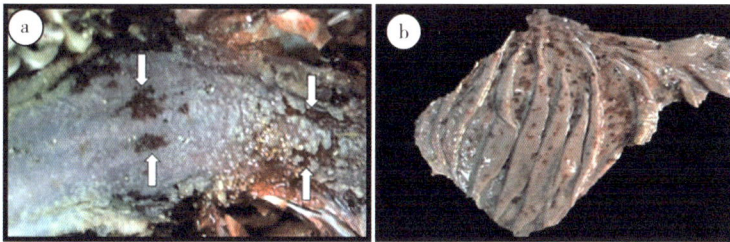

图 6.3　a. 瞪羚（*Gazella subgutturosa subgutturosa*）口咽黏膜糜烂性至溃疡性病变（箭状标记）；b. 拉里斯顿绵羊（*Ovis gmelini laristanica*）表现皱胃炎，皱胃黏膜有瘀斑和出血现象（这 2 项数据由阿拉伯联合酋长国迪拜 J. Kinne 博士友情提供）

非洲大羚羊可见黄疸、局灶性纤维蛋白性胸膜炎、肝脏斑点、胆囊扩张，但肠道没有炎症（Furley 等，1987）。

拉利斯顿绵羊（*Ovis gmelini laristanica*）表现胃肠炎，皱胃黏膜出现点状瘀斑性出血（图 6.3b），小肠出现斑马条纹，大肠没有出现炎症，但有积液。瘤胃内也有积液。舌背有糜烂病灶，咽后淋巴结肿胀（Furley 等，1987）。

信德源羊（*Capra aegagrus blythi*）感染 PPRV 的主要病变有肺部变色和出血斑块、脾肿大、肝脏变脆（Abubakar 等，2011）。岩羊（*Pseudois nayaur*）（Bao 等，2011）和野山羊（*Capra aegagrus*）（Hoffmann

等，2011）出现肺炎并伴随干酪样坏死。除此之外，还能见到直肠黏膜充血和胆囊肿大（Bao 等，2011）以及呼吸道出现上皮下条纹状出血。还可见左心室扩张，肠道淋巴结增大以及溃疡性角膜结膜炎（Hoffmann 等，2011）。

实验条件下感染 PPRV 的美洲白尾鹿（*Odocoilus virgianus*）表现为坏死性口炎、皱胃充血、支气管肺炎、心内膜下出血以及卡他性肠炎（Hamdy 和 Dardiri，1976）。

6.6.2 组织学和免疫组织化学检查结果

因为缺少样品以及组织样品难保存等原因，非常规宿主感染 PRRV 的组织病理相关记录非常少。

单峰骆驼（*Camelus dromedarius*）感染 PPRV 的组织病理变化是细支气管上皮细胞退化脱落，周边支气管单核细胞浸润。由于单核细胞聚集和浸润，肺泡间隔膨胀。此外，也有肺部水肿和肺气肿。淋巴结显示淋巴细胞减少（Khalafalla 等，2010）。

拉里斯顿绵羊感染 PPRV 会表现坏死性和出血性肠炎/结肠炎（图6.4a），伴有肠黏膜相关淋巴样组织坏死和损伤。脾脏和全身淋巴结表现淋巴样损伤和坏死。肺部可见伴有多核合胞体的亚急性支气管间质性肺炎，Ⅱ型肺细胞和细支气管上皮细胞增生。偶然可见由于继发感染引起的化脓性至纤维蛋白化脓性支气管肺炎。肝脏呈现肝细胞凝固性坏死，伴随巨噬细胞浸润。在胃肠上皮细胞、淋巴组织巨噬细胞/网状细胞、支气管和细支气管上皮细胞、合胞体细胞和胆管上皮细胞（图 6.4b）可检测到嗜酸性胞质和细胞包涵体。与之相比，家养小反刍动物常表现的病理特征是肺炎、坏死和淋巴组织耗竭（Wohlsein 和 Saliki，2006）。

用间接荧光免疫方法检测 PPRV 感染印度水牛的脾脏和淋巴结样品，能够检测到牛瘟病毒的交叉反应，说明麻疹病毒属病毒存在共同抗原（Govindarajan 等，1997）。在阿拉伯地区，利用免疫组化方法可检测野生有蹄类动物的肠道上皮细胞（图 6.4c）、支气管和细支气管上皮细胞、合胞体细胞、胆管上皮细胞（图 6.4d）、肝细胞、肠道淋巴滤泡细胞的胞质和细胞核中的病毒抗原（Kinne 等，2010），充分证明了 PPRV 对上皮细胞和淋巴细胞的亲嗜性。

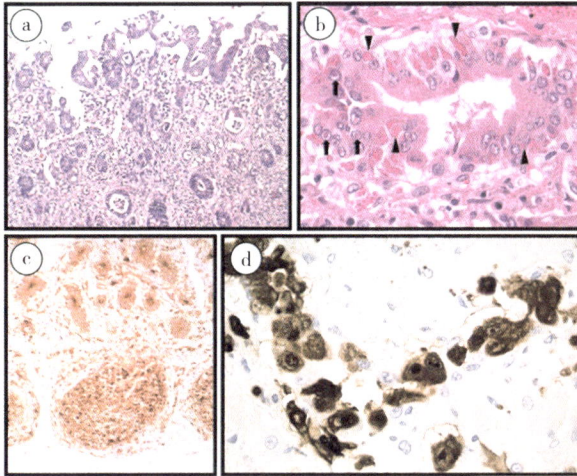

图 6.4　a. 拉里斯顿绵羊（*Ovis gmelini laristanica*）；糜烂性肠炎及隐窝扩张；苏木精-伊红染色，放大 200 倍；b. 阿富汗捻角山羊（*Capra falconeri*），肝脏出现多细胞核（箭状标记）和胞质嗜酸性病毒包涵体（箭头标记）；苏木精-伊红染色，放大 400 倍；c. 拉里斯顿绵羊，免疫组化显示肠道上皮细胞和肠淋巴滤泡细胞有麻疹病毒属病毒抗原；使用抗生物素蛋白-生物素-过氧化物酶复合物方法，放大 100 倍；d. 阿富汗捻角山羊，免疫组化显示胆管上皮细胞胞质和细胞核中有麻疹病毒属病毒抗原；使用抗生物素蛋白-生物素-过氧化物酶复合物方法，放大 400 倍

6.6.3　特异性鉴别诊断

牛瘟病毒能感染小反刍动物表现临床症状（Anderson 等，1990；Couacy-Hymann 等，1995；Rossiter，2001）。此外，PPR 临床症状还会同其他疫病混淆，如羊传染性胸膜肺炎（无口腔病变）、蓝舌病（通常不会腹泻）、巴氏杆菌病（无口腔病变）、传染性脓疱（无肺部病变）、口蹄疫（无肺部病变）、绵羊和山羊痘（有典型的痘样皮肤损伤）、支原体感染（无口腔病变）、心水病（无口腔病变）、球虫病（无口腔病变）和金属中毒（无口腔病变）（Rossiter，2004；OIE，2009；Baron 等，2011）。PPR 确诊需要使用 PPR 特异性试剂盒进行实验室检测（Libeau 等，1994；Singh 等，2004a）。

6.7 野生种群的 PPR 血清监测策略

野生动物很难靠近，很难获得疫病的第一手证据，因此，血清监测是证明非常规宿主是否存在任何疫病的可靠手段。当然，对绵羊和山羊等主要宿主的常规调查也很重要。此外，在根除 PPR 计划的最后阶段，根据样品可获得性，如从动物园、筛查其他疫病时获得的样品等，也可将其他驯化反刍动物（如普通牛、水牛、骆驼和野生反刍动物）和非反刍动物纳入监测计划中。

鉴于 PPR 在多种野生小反刍兽中存在，而这些小反刍兽的分布范围又非常广，当前的疫病监测工作还不够广，还需要更多的投入。

6.7.1 PPR 流行国家的疫情状况

通过 OIE 网站（http：//www. oie. int）可查询亚洲和非洲的多个国家疫病流行状况。近年来，一些国家在使用 Ⅱ 系（Nigeria/75/1）和 Ⅳ 系（PPRV/Sungri/96）（Diallo 等，1989；Screenivasa 等，2000）疫苗免疫后，PPR 流行情况也有变化。印度自 2004 年开展大规模疫苗接种后，2005 年以后疫情暴发起数开始呈下降趋势（图 6.5）。2001 年之前，尼泊尔、尼日利亚、阿曼和伊朗的疫情流行趋势偏严重，在实施大规模免疫后，疫情暴发起数逐步减少（Singh，2011，2012）。所有这些信息都是关于自然宿主感染 PPR 的情况。而非自然宿主的疫病感染模式和流行情况只有单独的病毒分离和检测报告。PPRV 易感的野生物种分布较广，在 PPR 流行区域，尤其是大多数非洲国家多有分布。但是，易感野生动物数量较多的一些国家报告疫情非常少。分析原因可能是对易感野生动物群体缺乏监测，或是野生反刍动物不能长时间储存病毒（Munir，2014）。

在野生反刍动物中没有 PPR 地方性流行的前提下，如果主要宿主的疫病流行情况呈下降趋势，在生态圈/流行单元中，感染 PPRV 的家养动

物和野生动物接触的机会少，野生动物的感染病例也一定会消失。在
PPR 根除的最后阶段，还应当选择合适的方式和方法对野生物种进行临
床监测（Singh 等，2004a）。在牛瘟的根除运动中也开展了类似的工作，
将工作重点放在对主要宿主（普通牛和水牛）免疫之后，对大、小反刍动
物进行长期临床和血清监测。尽管野生动物种群中有感染牛瘟病毒的病例
报告，经过不懈的努力，依旧成功的根除了牛瘟病毒（无名参考文献，
2013）。

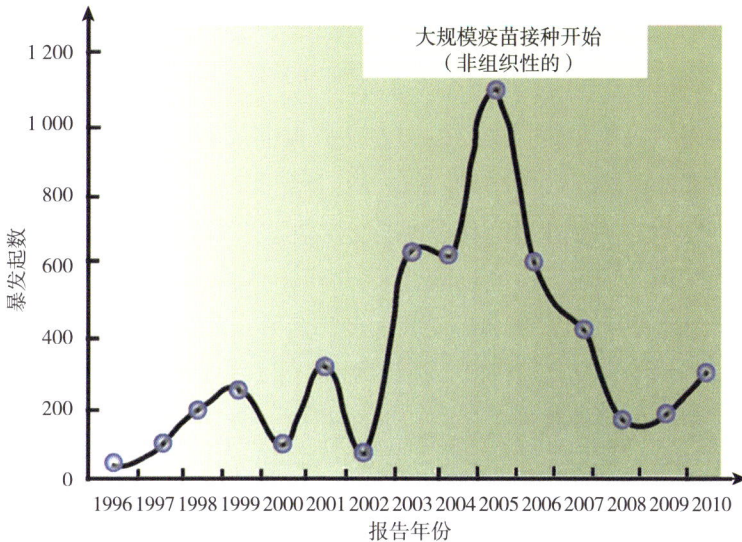

图 6.5　1996 年至 2010 年印度暴发小反刍兽疫疫情情况。注意 2001/
2002 年至 2005 年疫情暴发起数剧烈增长，主要是因为使用 PPR 诊断
试剂盒进行实验室检测。2004 年 *，在政府的大规模疫苗接种计划后，
疫病暴发起数急剧下降

6.7.2　社会文化和社会经济环境影响 PPR 的流行病学

　　了解传染性疫病的流行病学对于成功实施有效的疫病控制计划至关重
要。PPRV 和牛瘟病毒相似，需要动物之间近距离接触才能传播。因此，
野生动物只有近距离接触自然宿主才会受到感染。在森林边界很可能会形
成家养动物和野生动物的共同生态位。在这些情况下，影响 PPR 传播的

---

* 应为 2005 年之后。——译者注

重要因素有：（i）游牧的绵羊和山羊在迁徙（游牧）过程中可能与野生动物接触；（ii）家养绵羊和山羊与森林中捕获饲养的野生动物混养；（iii）使用相同牧场，绵羊、山羊和野生动物形成共同生态位；（iv）在 PPR 流行区域，家养动物和野生动物能够接触的其他可能性因素。

6.8 疫病控制与根除的可能性和野生反刍动物在疫病控制中的作用

近年来，PPR 疫情持续暴发，并且病毒谱系不断突破传统的分布区域传播到新的地区（如亚洲流行的谱系传播到非洲）（Kwiatek 等，2011），因此，PPR 的根除任重道远。全球连续实施了 5 个全球根除计划，用了 5 年多时间消灭了牛瘟，牛瘟根除经验（Albina 等，2013）对根除家养动物和野生动物中的 PPR 有借鉴意义。使用高效疫苗免疫，可以控制疫病，降低疫病发病率。反复进行疫苗接种结合临床检查和血清监测是世界动物卫生组织根除牛瘟计划的关键，PPR 的根除计划也应借鉴参考。在对绵羊和山羊实施高密度免疫接种后，还可以对捕获的野生动物和野生动物进行监测。与普通牛和水牛不同，绵羊和山羊的繁殖力强，因此，还需定期对新生幼畜进行免疫。

在 PPR 根除计划的最后阶段应着重于及时发现临床病例。在此阶段，应使用高敏感的检测方法（如 PCR-ELISA）进行疫病监测（Saravanan 等，2004）。此外，每个国家都应关注邻国的疫情形势，必要时在边界建立免疫带。目前，一些 PPR 流行国家由于经济困难和内乱等原因，对 PPR 没有足够的重视。PPR 的控制和根除计划都要考虑疫病可能从有疫病流行的邻国传入。像全球牛瘟根除计划（GREP）一样，只有全球范围内的大规模协调行动，才有可能在全球范围内根除 PPR。山羊和绵羊的高繁殖力以及疫病流行涉及野生动物，是 PPR 控制的 2 个主要障碍（Singh，2011）。由于小反刍兽的高繁殖力及其肉食用途，据估计，每年有 35%～40% 的小反刍兽更替。因此，新生群体作为易感群体每年都要进行免疫。普通牛和水牛寿命更长，繁殖率较低并且每胎只产 1 头幼崽，群体更新率低，PPR 根除和牛瘟根除的情况又有所不同。与野生动物或家养小反刍兽接触的自由放养的小反刍兽也要进行疫苗接种。尽管已经有高效的疫苗用于疫病防控，为养殖者统一提供质量有保障的疫苗以及对迁徙或者游牧畜群登记以及接种疫苗也很重要。为有效控制 PPR，动物运输必须执行严格的隔离和防疫措施。易感野生动物和家养动物可以越境活动，因此，一个国家要有效控制和根除 PPR 并维持无疫状态，在很大程度也有赖于邻国是否能主动采取防控措施。但目前，有的疫病流行国家由于内乱和国家政局问题，很难有效实施防控措施，在牛瘟根除的过程中也曾有这样的状况（Singh 等，2004c；Singh，2011）。在这种情况下，如果邻国没有实施类似的 PPR 控制措施，防止疫病传入的压力会非常大。

　　PPR 根除计划的另一项挑战是通过严格的监测机制确定野生动物种群中没有 PPR。如果 PPR 在这些种群中循环和储存，就可能导致疫病控制和根除计划失败。在根除计划实施过程中，为了保证所有的地区能同时控制疫病的流行，建议使用统一的疫苗和相同的诊断检测方法。在选择疫苗时，不以疫苗供应和方便等原因作为选择依据，应充分考虑当地流行的病毒谱系，建议使用来自同一谱系的疫苗株（南亚用Ⅳ系疫苗，非洲用Ⅰ系、Ⅱ系和Ⅲ系疫苗株）。在偏远地区，特别是家养小反刍兽能与野生动物接触的温带小丘陵地区，实施疫苗接种、疫病监测和血清检测等措施都需要有良好的物流系统保障。

　　目前，PPR 在许多国家的野生小反刍兽中存在，还需要加强在野生小反刍兽中开展疫病监测。此外，野生动物由动物园管理机构和野生动物管理部门等多个部门管理，也会导致疫情报告不及时，影响疫病的控制。

6.9　总结

　　PPR 是小反刍兽感染发生的高发病率和高死亡率的高度接触性传染病，疫情发生会对发展中国家的农业经济带来重大影响。除家养小反刍动物外，PPR 还对偶蹄类动物，如印度水牛、骆驼和多种野生小反刍兽构成威胁。PPR 不在野生小反刍兽之间传播，多数野生小反刍兽的感染都来源于附近受感染的家养绵羊和山羊（Munir，2014）。PPR 的流行对濒危野生反刍动物种群构成巨大的威胁。PPR 在野生小反刍兽中的流行数据很少，PPRV 的野生动物宿主谱也仍有待揭示。相关信息对了解疫病的流行病学很重要。

目前 PPR 有可用的高效疫苗，可以通过对绵羊和山羊等主要宿主开展大范围疫苗接种来控制和根除疫病。高的群体免疫力能够阻断 PPRV 从家养小反刍兽向野生动物传播，特别是邻近的野生小反刍动物和大型反刍动物。虽然无法对野生动物种群进行大规模疫苗接种，但在消灭 PPR 的最后阶段，对捕获的野生动物进行疫病监测，对确保该地区彻底根除病原体非常必要。

牛瘟也是采用了相似的疫病根除策略，先控制了疫病流行，随后从区域再到全球逐步根除了该病。在牛瘟根除计划实施过程中，对于野生动物的疫苗免疫和血清监测投入的精力并不多。对于 PPRV 感染宿主的研究报道，由于有的研究者过于关注发现 PPRV 的新宿主，对于非自然宿主，特别是肉食动物和水牛的感染报道可能与实际情况不符。但是，在 PPR 的控制和根除过程中，野生动物宿主的作用不容忽视。只有充分了解野生动物在 PPR 流行病学中扮演的角色，才能更好地制定疫病控制策略（Baron 等，2011）。

第七章 小反刍兽疫病毒感染的病理学及继发感染

Oguz Kul, Hasan Tarik Atmaca, Muhammad Munir

摘要: PPR 是感染绵羊和山羊的系统性病毒病，以胃肠道和呼吸道病变为主要特征，死亡率很高。临床以鼻炎、结膜炎、浆液性-黏脓性鼻眼分泌物、肺炎、咳嗽、呼吸困难、糜烂性溃疡性口腔病变以及腹泻为主要特征。组织病理学检查可见伪膜性口炎、坏死性扁桃体炎、纤维蛋白出血性肠炎和增生性间质肺炎。合胞体细胞和胞质胞浆中的嗜酸性包涵体是 PPR 感染特征性病征。与其他麻疹病毒属病毒类似，PPRV 也可以引起肾脏、脑部及胃部的损伤。PPRV 的亲嗜性可以由病毒与细胞表面受体结合的机理来阐释。PPRV 感染小反刍兽通常伴有其他病毒、细菌或寄生虫等继发性感染。

7.1 简介

PPR 是感染山羊和绵羊的高度接触性病毒病。在过去的 20 年中，中东、印度和撒哈拉沙漠以北非洲的很多地区都报告发生该病（Obi 等，1983；Perl 等，1994；Alcigir 等，1996；Amjad 等，1996；Aruni 等，1998；Diallo，1988；Ozkul 等，2002；Taylor 等，2002；Abu Elzein 等，

2004；Toplu，2004；Yesilbag 等，2005；Kul 等，2008）。PPRV 属于副黏病毒科、麻疹病毒属，与牛瘟病毒、麻疹病毒、犬瘟热病毒和海洋哺乳动物瘟热病毒关系密切（Plowright，1968；Gibbs 等，1979；Kennedy 等，1989，1991；Bailey 等，2005）。PPRV 感染动物的特征性临床症状是鼻炎、结膜炎、浆液性-黏脓性鼻眼分泌物、肺炎、咳嗽、呼吸困难、糜烂性溃疡性口腔病变和腹泻（Amjad 等，1996；Toplu，2004）。剖检可见糜烂性-溃疡性口腔炎、鼻窦和胃肠系统的卡他性炎症和充血、肺副叶实变以及淋巴结水肿等特征性病变。组织病理变化可见伪结膜性、糜烂性和溃疡性口炎，坏死性扁桃体炎，纤维蛋白出血性肠炎和支气管间质性肺炎（Alcigir 等，1996；Toplu，2004；Kul 等，2007；Hammouchi 等，2012）。典型病理变化是口腔黏膜及肺部出现合胞体细胞，上皮细胞，特别是呼吸道和/或消化道的上皮细胞胞核和胞质中有嗜酸性包涵体（Brown 等，1991；Kumar 等，2004）。最近一些研究报道了 PPR 的一些非典型的病理变化，如肝脏多灶性坏死、肝细胞和皱胃上皮细胞的包涵体以及病毒在脑部、皱胃、肾盂和心脏不寻常的免疫定位（Toplu，2004；Kul 等，2007）。PPRV 感染和犬瘟热病毒、海洋哺乳动物瘟热病毒等其他麻疹病毒属病毒类似，也可能引起泌尿系统和中枢神经系统症状（Kennedy 等，1989，1991；Taylor 等，2002；Toplu，2004；Kul 等，2007）。这些临床病理新发现对了解 PPR 的临床病程、流行病学以及发病机理非常重要。但泌尿系统和神经系统的相关损伤对 PPR 流行病学和发病机制的影响还需要进一步通过田间观察证实。

急性 PPR 感染在老龄山羊的发病率高，在幼龄山羊的死亡率高（Toplu，2004）。对 PPR 的临床症状和病理特征已经有了深入的了解，并且自然感染和实验条件感染 PPRV 的研究也获得了大量数据（Bundza 等，1988；Brown 等，1991；Ugochukwu 和 Agwu，1991；Alcigir 等，1996；Amjad 等，1996；Aruni 等，1998；Taylor 等，2002；Abu Elzein 等，2004；Kumar 等，2004；Toplu，2004；Gulyaz 和 Ozkul，2005；Yesilbag 等，2005；Toplu 等，2012）。但是进一步对 PPRV 感染的发病机制和免疫学特性还缺乏深入了解（Galbraith 等，2002；Rajak 等，2005；Emikpe 等，2010；Jagtap 等，2012；Chinnakannan 等，2013）。近年来研究显示，与犬瘟热病毒和海洋哺乳类动物瘟热病毒及人麻疹病毒

感染相似，PPRV 还能侵染中枢神经系统、肾脏、胃、骨骼和心肌（Kennedy 等，1989，1991；Galbraith 等，2002；Kul 等，2007；Toplu 等，2012）。除呼吸系统和消化系统外，PPRV 对不同组织的亲嗜性是由细胞膜上表达的病毒特异性受体决定的（Galbraith 等，2002）。PPR 是否垂直传播以及是否引起流产还需要进一步研究确定。PPR 以水平传播为主，短时间能引起大面积疫情暴发。但最近发表的文献表明，在 PPR 疫情暴发期间可能存在 PPRV 的先天性（垂直）传播（Kul 等，2008）。此外，也有 PPR 与流产相关的报道（Abu Elzein 等，2004；Abubakar 等，2007；Kul 等，2008）。Kulkarni 等（1996）在 9 个 PPR 感染山羊群中发现了 105 起流产。由于缺乏流产胎儿的病因学研究，因此，还不能定论两者相关。同样，AbuBakar 等（2007）报道了 140 只感染了 PPRV 的怀孕山羊中有 58 只流产。在土耳其双胞胎羔羊死胎中检测到了 PPRV 和边界病毒，间接支持 PPR 先天性传播的可能性（Kul 等，2008）。死胎可以同时检测到 2 种病毒，并且免疫组化检测在损伤的肝脏、肺和淋巴组织周围有病毒定位。因此，推测 PPRV 可以通过垂直途径感染胎儿，并导致流产。但还需进一步研究证实（Kul 等，2012）。

7.2　小反刍兽疫病毒感染的病理基础

　　和其他麻疹病毒属病毒一样，PPRV 也表现出嗜淋巴细胞性和嗜上皮细胞性。由于这种亲嗜性，有上皮细胞和淋巴组织的器官会发生严重病变及损伤，如口腔黏膜、扁桃体、肺脏、肠、淋巴结、脾脏和肝脏（Bundza 等，1988；Kumar 等，2004；Toplu，2004；Bailey 等，2005；Gulyaz 和 Ozkul，2005；Wohlsein 和 Saliki，2006；Kul 等，2007；Atmaca 和 Kul，2012；Jagtap 等，2012）。PPRV 通过呼吸道侵入，病毒最先复制的位点是咽、颌下淋巴结和扁桃体。病毒血症发生在病毒最初复制后的 2~3d 内，随后病毒通过脾脏、骨髓、呼吸系统和消化系统扩散（Bundza 等，1988；Kumar 等，2004；Rajak 等，2005；Jagtap 等，2012）。

PPRV 引起绵羊和山羊发生系统性疫病。病毒对绵羊和山羊的致病程度不同（Gibbs 等，1979；Bundza 等，1988；Gulyaz 和 Ozkul，2005）。从病理变化看，山羊感染范围更大、更严重，而绵羊一般只受到轻微影响（Abu Elzein 等，2004；Kul 等，2007；Hammouchi 等，2012）。有的研究认为，绵羊有抵抗 PPRV 严重感染的遗传特性。但在未接种疫苗的绵羊群中，PPRV 野毒株也能导致较高的死亡率（Obi 等，1983；Kennedy 等，1989；Alcigir 等，1996；Amjad 等，1996；Aruni 等，1998；Abu Elzein 等，2004；Yesilbag 等，2005；Wohlsein 和 Saliki，2006；Abubakar 等，2007）。据报道，首次在西非发现该病时，当地山羊品种表现更易感（Diallo，1988；Wohlsein 和 Saliki，2006）。在 PPRV 摩洛哥分离株感染阿尔卑斯山羊的实验中，所有接种病毒的山羊都患上了严重的肺炎和淋巴结炎（Hammouchi 等，2012）。说明阿尔卑斯山羊对 PPRV 敏感，可作为 PPRV 的实验动物模型。Toplu 等（2004）研究发现，PPRV 感染多见于老龄动物，老龄羊的发病率高于青年羊和幼龄羊。他们还提出，由于羔羊发病急，致死率高，很可能表现非典型的病理变化特征。

7.2.1　PPR 感染的剖检结果

PPR 又被称为口炎-肺肠炎综合征、伪牛瘟、糜烂性肠炎和口炎等。上述名称实际上都反映了该病的病理学特征（Wohlsein 和 Saliki，2006；Kul 等，2007）。

特急性 PPR 感染死亡动物没有明显病变。有些病例可见口腔黏膜和回盲瓣充血以及口腔黏膜轻度糜烂（Toplu，2004；Wohlsein 和 Saliki，2006）。死于急性感染的动物会出现脱水和恶病质（Toplu，2004）。发病动物由于严重腹泻，肛周皮肤与黏膜皮肤部位可能被灰绿色液体粪便浸污。眼睑、鼻孔和嘴唇被黏脓性渗出物覆盖（Perl 等，1994；Aruni 等，1998；Abu Elzein 等，2004；Toplu，2004；Kul 等，2007；Hammouchi 等，2012）。在严重的情况下，分泌物会在鼻孔和嘴唇周围结痂（Obi 等，1983；Bundza 等，1988；Abu Elzein 等，2004；Kumar 等，2004；Wohlsein 和 Saliki，2006）。黏液性化脓性结膜炎通常与其他黏膜病变一起出现。口腔内黏膜会出现直径为 1～5mm 的灰黄色伪膜，唇部内侧、软硬腭，尤其是舌的侧面和腹侧有坏死性病变（图7.1）（Toplu，2004；Wohlsein 和 Saliki，2006；Kul 等，2007）。鼻甲黏膜有弥漫性充血和多灶性糜烂。口咽黏膜和邻近扁桃体表面被纤维蛋白渗出物和斑块覆盖，严重情况下呈干酪样（Toplu，2004；Kul 等，2007），扁桃体的切开面可见出血点（Kul 等，2007）。

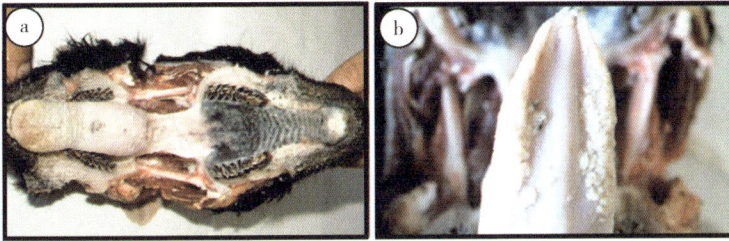

图7.1 山羊伪膜性糜烂性口炎，灰白色病灶。a. 软硬腭和舌背面；b. 舌腹侧

整个上呼吸道，主要是气管有海绵样渗出物，提示有呼吸窘迫和肺水肿。鼻甲、喉、气管黏膜有广泛的出血和纤维蛋白性坏死（Brown 等，1991；Kennedy 等，1991；Aruni 等，1998；Kul 等，2007）。咽后淋巴结表现为肿胀、充血和水肿（Aruni 等，1998）。

肺脏上叶和下叶可见实变和气肿区域（Bundza 等，1988；Brown 等，1991；Kumar 等，2004；Wohlsein 和 Saliki，2006；Kul 等，2007）。如果继发细菌感染，黏脓性、脓性和/或坏死物质可能充满整个支气管（Brown 等，1991）。胸膜的壁层与脏层可能发生粘连，纤维蛋白积聚在肺表面，呈现浑浊的外观（Toplu，2004）。

脾脏增大，充血，水肿，一致性降低（Aruni 等，1998；Toplu，2004）。

瘤胃、网胃和瓣胃偶发糜烂性病变。瓣胃有线状规律分布病变，并有血凝块覆盖（Brown 等，1991）。皱胃黏膜也会严重充血糜烂。

肠系膜淋巴结增大、水肿（Alcigir 等，1996；Wohlsein 和 Saliki，2006；Kul 等，2007）。

小肠黏膜水肿、充血。轻度感染时，黏膜表面覆盖渗出物。严重感染时，炎症发展为纤维素性肠炎，肠道分泌物中有纤维蛋白和坏死组织碎片。派伊尔结和肠道相关淋巴组织坏死，黏膜表面被伪膜覆盖（Obi 等，1983；Alcigir 等，1996；Abu Elzein 等，2004；Kumar 等，2004；Wohlsein 和 Saliki，2006；Kul 等，2007）。十二指肠、回肠、盲肠和结肠背侧壁增厚，并发生大面积充血（Toplu，2004）。显然，小肠部位病变不严重，仅限于十二指肠和回肠起始部线状出血和糜烂（Bundza 等，1988）。回盲瓣出血，沿着大肠呈现斑马条纹状线性充血是 PPR 感染的典型病理特征（Alcigir 等，1996；Wohlsein 和 Saliki，2006）。

肝脏颜色苍白，切面可见多处灰白色坏死灶（Alcigir 等，1996；Toplu，2004）。

7.2.2 镜检结果

自然感染 PPRV 的组织病理表现有伪膜性、糜烂性和溃疡性口炎、坏死性扁桃体炎、出血性肠炎和支气管间质性肺炎（Bundza 等，1988；Brown 等，1991；Alcigir 等，1996；Amjad 等，1996；Aruni 等，1998；Abu Elzein 等，2004；Toplu 2004；Gulyaz 和 Ozkul，2005；Wohlsein 和 Saliki，2006；Abubakar 等，2007；Kul 等，2007；Atmaca 和 Kul，2012）。

PPRV 感染的组织病理变化特征为口腔黏膜、鼻甲及气管的伪膜性、糜烂性和溃疡性病变（Alcigir 等，1996；Kul 等，2007）。口腔黏膜上皮细胞表现水肿和气球样变性、坏死及形成合胞体细胞（Kulkarni 等，1996；Wohlsein 和 Saliki，2006；Kul 等，2007）。PPRV 感染的特征性病理变化是形成合胞体细胞（一般包含 2～10 个细胞核）和胞浆内/核内嗜酸性包涵体（Toplu，2004；Alcigir 等，1996；Kul 等，2007）。伪膜的形成往往和病毒复制水平、上皮坏死程度以及继发细菌感染导致的上皮层增厚相关（图7.2a，b）。在后一种情况中，大量的中性粒细胞也参与了伪膜的形成（Toplu，2004；Wohlsein 和 Saliki，2006；Kul 等，2007）。黏膜下层有不同程度的淋巴细胞、中性粒细胞和巨噬细胞浸润（Toplu，2004）。

非复杂病例，肺部表现典型的间质性肺炎。通常在肺泡间隔和血管周围有单核细胞浸润。这些区域因过度水肿和炎性细胞积聚而增厚。支气管可见淋巴细胞和上皮细胞增生，形成套状结构，支气管黏膜鳞状上皮化生（图 7.2c）（Alcigir 等，1996；Aruni 等，1998；Abubakar 等，2007；Kul 等，2007；Emikpe 等，2010）。肺细胞形成多核合胞体。在融合细胞、肺泡巨噬细胞，支气管/细支气管上皮细胞以及支气管腺可见胞浆和胞核嗜酸性包涵体（图 7.2d）（Kul 等，2009）。继发细菌感染引起的脓性、纤维蛋白样性和/或坏死性支气管肺炎等病变会掩盖 PPRV 感染引起的间质性肺炎和典型的肺部组织病变（Brown 等，1991；Emikpe 等，2010）。因此，合胞体细胞以及胞质、胞核内的嗜酸性包涵体是 PPR 的特征病变，对组织病理诊断非常重要。在严重感染时，如果表现明显组织病理变化，也可以用免疫过氧化物酶及原位杂交技术检测 PPRV 的特异蛋白和 RNA（Brown 等，1991；Alcigir 等，1996；Toplu，2004；Kul 等，2007，2008；Kumar 等，2009；Toplu 等，2012）。

　　大面积淋巴组织坏死，主要发生在脾脏、淋巴结、扁桃体和派伊尔节。淋巴细胞坏死表现为核固缩和核碎裂（Wohlsein 和 Saliki，2006；Kul 等，2007）。淋巴细胞严重耗竭后，可见到网状内皮细胞明显增生，有时可以观察到邻近网状细胞的融合细胞。在网状内皮细胞中还能见到嗜酸性核包涵体（Kul 等，2007）。也有报告称，扁桃体会出现多灶性和弥漫性出血（Toplu，2004）。更典型的病变除了扁桃体隐窝上皮细胞坏死和上皮角化物外，还存在胞浆包涵体（Kul 等，2007）。脾脏内病理特征有淋巴细胞耗竭，脾脏白髓网状内皮细胞增生，窦状小管内巨噬细胞和浆细胞反应（Aruni 等，1998）。

　　有报道，肝脏中部和门静脉周围会出现多个凝固性坏死灶（Alcigir 等，1996；Kul 等，2007；Toplu 等，2012）。病变区域可见肝细胞胞质内空泡样病变以及细胞核发生核浓缩和核碎裂。大量的中性粒细胞并伴有嗜酸性凝固性坏死。肝脏枯否细胞普遍增生性肥大（Aruni 等，1998；Toplu，2004）。在凝固性坏死的区域附近，相邻的 2～6 个肝细胞形成了合胞体细胞。肝细胞、枯否细胞和合胞体细胞内可能有核内病毒包涵体。免疫组织化学检测肝细胞细胞核中有 PPRV（Alcigir 等，1996；Toplu，2004；Wohlsein 和 Saliki，2006；Kul 等，2007）。在某些情况下，肝脏门静脉周围有纤维变性（Aruni 等，1998）。

　　前胃黏膜很少受到病毒侵害。自然感染情况下有空泡变性，细胞质内出现包涵体，免疫组化检测到 PPRV 的报告。也有皱胃固有层分泌腺主细胞和壁细胞坏死的报告（Kul 等，2007；Toplu 等，2012）。

　　在小肠、十二指肠腺出现上皮细胞坏死，坏死细胞碎片堆积使肠隐窝肿大。固有层中有大量的淋巴细胞、巨噬细胞，偶有嗜酸性粒细胞浸润（Alcigir 等，1996；Aruni 等，1998；Abu Elzein 等，2004；Wohlsein 和

Saliki，2006；Kul 等，2007）。派伊尔结表现淋巴细胞增生溶解，有细胞碎片以及中性粒细胞和巨噬细胞（Bundza 等，1988；Aruni 等，1998；Rajak 等，2005）。感染后期，山羊和绵羊的肾盂变移上皮有空泡变性和嗜酸性病毒包涵体。也有报道心脏表现非化脓性间质性心肌炎和心肌细胞透明样病变等非典型病理变化（Kul 等，2007）。

无论是实验感染还是自然感染，在口腔黏膜、结膜、气管、支气管、毛细支气管的上皮细胞，以及回肠、肺Ⅱ型细胞、肺泡巨噬细胞、肠系膜淋巴结、脾和肝中都能检测到 PPRV（图 7.2e,f）（Alcigir 等，1996；Toplu，2004；Kul 等，2007）。最近研究结果表明，PPRV 感染与犬瘟热

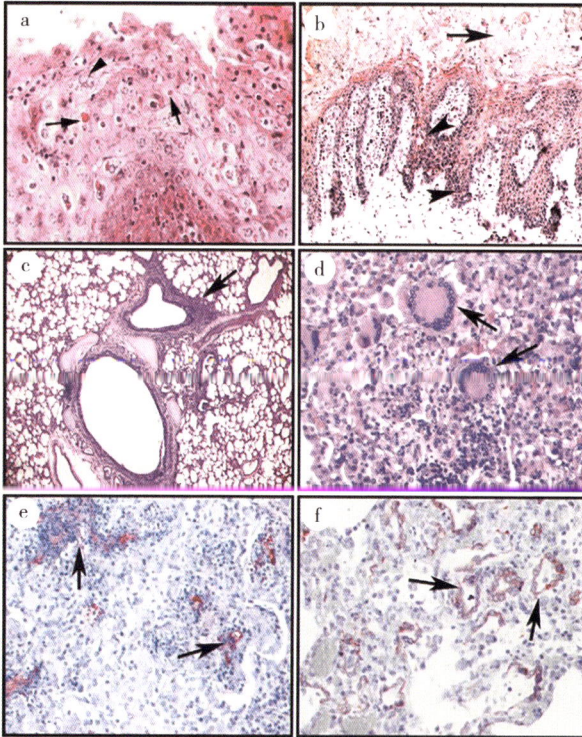

图 7.2　PPR 组织病理学。a. 胞浆内包涵体（箭状标记），合胞体细胞（箭头标记），口腔黏膜，苏木精-伊红；b. 棘层上皮细胞（箭头标记）和伪膜（箭状标记）的免疫阳性反应，间接 ABC 过氧化物酶试验，抗 PPRV 一抗，Mayer 苏木复染；c, d. 肺细支气管袖套和大量的合胞体细胞，苏木精-伊红；e, f. 坏死性细支气管分泌物（e），合胞体细胞（f），肺中 PPRV 抗原阳性，间接 ABC 过氧化物酶试验，抗 PPRV 一抗，Mayer 苏木精复染

病毒和海洋哺乳动物瘟热病毒等其他麻疹病毒感染的病理特征相似，也引起肾脏、皱胃、心脏和大脑的病理变化（Kennedy 等，1989，1991；Kul 等，2007）。

7.3 小反刍兽疫和继发感染

PPR 常继发病毒、细菌或者寄生虫感染。PPR 主要在欠发达国家和发展中国家流行，继发其他疫病的概率更大（Diallo，1988；Abubakar 等，2007；Malik 等，2011）。在这些地区，山羊常被称为"穷人的家畜"，营养不良、管理不当和健康状况差等也增加了继发感染的概率和严重程度，加重疫情影响。

在合并感染的情况下，很难判断哪种病原体感染首先发生，而哪种病原体感染加剧了临床病症。因此，在 PPR 混合感染病例中，很难区分哪种病原体感染影响了 PPR 的预后和临床症状的严重程度。从 PPRV 感染的免疫学发病机制来看，在特急性和急性病例中，无论有没有继发性感染，PPRV 的嗜上皮细胞和嗜淋巴细胞特性都决定了疫病发展的严重程度（Rajak 等，2005；Wohlsein 和 Saliki，2006；Kul 等，2007；Jagtap 等，2012）。换句话说，PPRV 在最初入侵口腔黏膜和上呼吸道黏膜时，吸附并穿过了这个屏障。但感染的口腔黏膜和肺部上皮细胞会分泌出具有活性表达的 Th 细胞因子，这些细胞因子使上皮细胞屏障更加坚实（Atmaca 和 Kul，2012）。在自然感染情况下，口腔黏膜、支气管和细支气管的受损上皮细胞中的 IFN-γ 干扰素和 TNF-α 显著增加（Atmaca 和 Kul，2012）。在感染初期，这些由上皮细胞和树状细胞表达的 Th1 细胞因子主要负责刺激巨噬细胞和淋巴细胞产生免疫应答。因此，这是 PPR 继发细菌感染（可能导致上皮损伤）的最重要的因素之一。

在一项 PPRV 感染动物实验中，40 只实验感染矮山羊中，44.0% 的鼻拭子样本检测到葡萄球菌，22.67% 检测到链球菌，12.00% 检测到奈瑟氏菌，10.67% 检测到巴氏杆菌，4.00% 检测到假单胞菌，4.00%

检测到变形杆菌，还有 1.33％检测到棒状杆菌（Ugochukwu 和 Agwu，1991）。上呼吸道中最常与 PPRV 一起检测到的细菌是金黄色葡萄球菌（30.67％）、表皮葡萄球菌（13.33％）以及绿色链球菌（18.67％）（Ugochukwu 和 Agwu，1991）。临床上，PPRV 合并感染支原体（山羊传染性胸膜肺炎）和溶血性曼氏杆菌会导致纤维素性、脓性支气管肺炎（Brown 等，1991；Kul 等，2007；Emikpe 等，2010）。继发细菌感染引起典型的肺部组织病理变化是淋巴细胞呈燕麦状、大面积坏死以及间质和胸膜过多的纤维蛋白沉积。据报道，溶血性曼氏杆菌 A2 和 PPRV 尼日利亚分离株气管内接种共感染山羊，感染后的第 3 天可见肺泡出现合胞体、水肿、中性粒细胞和巨噬细胞浸润（Emikpe 等，2010）。进一步损伤可见支气管/细支气管黏膜坏死，肺支气管相关淋巴样组织（BALT）增生及肺泡间隔增厚。该研究的另一个重大发现是在鼻中隔、肺泡巨噬细胞、肺细胞、支气管和细支气管上皮细胞的细胞壁上检测到溶血性曼氏杆菌（Emikpe 等，2010）。上述实验感染表现的肺部病理变化和 PPRV 田间感染观察到支气管间质性肺炎病理变化一致。这也意味着在大多数常规病例中很难看到合胞体和病毒包涵体等 PPRV 感染的单纯性间质性肺炎的表现。

  PPRV 也可能和绵羊和山羊痘（SGP）、羊口疮、边界病、蓝舌病等其他病毒并发感染（Saravanan 等，2007；Kul 等，2008；Malik 等，2011；Toplu 等，2012）。虽然宿主细胞内有 2 种不同的病毒，但似乎和"病毒干扰"的概念有所不同，因为病毒干扰是通过感染病毒的宿主细胞释放的 Ⅰ 型干扰素来阻止后续同源或异源的病毒感染（Kul 等，2008；Chinnakannan 等，2013）。PPRV 的 V 蛋白在体外能够抑制感染细胞产生 Ⅰ 型干扰素。除 PPRV 外，牛瘟病毒、犬瘟热病毒和人麻疹病毒等其他麻疹病毒属病毒也会抑制 Ⅰ 型干扰素反应（Chinnakannan 等，2013）。麻疹病毒属病毒还会不同程度地抑制 Ⅱ 型干扰素反应。

  PPRV 最受关注的合并感染是和边界病毒。首例报告来自 2 只有先天异常的双胞胎羔羊死胎，除了有坏死性支气管炎以及肺部合胞体细胞外，还有边界病毒感染的关节弯曲、脊柱侧弯和脑积水等先天性异常特征（Kul 等，2008）。RT-PCR 和免疫组化技术证实了双胞胎羔羊同时存在 PPRV 和边界病毒。这个报告也是 PPRV 从感染母羊垂直传播给羔羊的首个证据（Kul 等，2008）。随后，又有边界病毒和 PPRV 共感染更详细的研究。研究报告了 26 例 PPRV 和边界病毒混合感染的胎儿、新生羔羊和小羊。研究还发现 PPRV 和边界病毒可以同时感染同一个细胞（Toplu 等，2012）。从这种在胎儿和幼龄羊中边界病毒和 PPRV 高频率的混合感染现象可以推测，PPRV 感染破坏胎盘从而导致 PPRV 和边界病毒垂直传播给胎儿和幼畜（Kul 等，2008；Toplu 等，2012）。另外，Toplu 等（2012）还提出一个推论：宫内感染边界病毒促进 PPRV 感染脑部，并且进一步感染神经元细胞和神经胶质细胞。但目前还缺乏病例对照研究，来了解胎盘病理学以及垂直传播是由 PPRV 单独引起还是由于和边界病毒混合感染。但从最近研究结果来看，单纯的 PPRV 感染也能侵害胎盘，在没有边界病毒、布鲁氏菌等其他病原的影响下，PPRV 也能导致基利斯山羊流产（Kul 等，2012）。

有研究报道了在印度发现了 PPRV 和山羊痘共感染情况（Malik 等，2011）。根据病史，疫情非常严重，150 只山羊里有 120 只死亡，临床症状疑似 PPR、蓝舌病和山羊痘。血清检测结果表明，12 只山羊中有 8 只 PPR 和蓝舌病血清抗体阳性。山羊痘是通过免疫扩散反应和皮肤上观察到的结节状病变确诊，PPR 可通过 PCR 和序列分析进行确诊，蓝舌病除血清检测外，没有其他方法确诊（Malik 等，2011）。

另一种和 PPRV 同时感染绵羊和山羊的疫病是羊口疮。Saravanan 等（2007）报道，在 24 只山羊引入 PPRV 感染的羊群后，部分羊只观察到了羊口疮特征性的增生性齿龈病变。虽然 PPR 和羊口疮混合感染的比率为 11.5%（20/174），但有 65 只山羊由于继发羊口疮，发生严重的口腔病变而死亡，致死率为 37.35%。

事实上，不仅仅是淋巴细胞溶解引起的免疫缺陷容易继发感染，不同病毒的合并感染也会加重 PPRV 感染的严重程度并加重病变。

第八章 小反刍兽疫血清学 诊断技术
Geneviève Libeau

摘要： PPR 是由 PPRV 引起小反刍兽发生的高度接触性传染性，疫情可带来巨大的经济损失。康复和接种过疫苗的小反刍兽可获得终身免疫力，能够抵抗病毒再次感染。因此，只要存在抗体，不论是野毒株感染还是疫苗免疫获得，都标志着宿主有免疫保护力。酶联免疫吸附试验（ELISA）可替代病毒中和试验（VNT）监测免疫抗体水平用于疫病暴发调查。病毒蛋白特性、蛋白表达系统和表达保护性抗原的重组载体的研究进展不断更新人们对 PPRV 的诊断学认识。本章对 PPR 血清学检测方法、抗原靶标以及血清检测方法改进方面的研究进展进行综述。

8.1 综述

PPR 是家养和野生小反刍兽发生的高度接触性传染病，被世界动物卫生组织列为必须报告的疫病。根除牛瘟后，PPR 作为主要感染绵羊和山羊的另外一种麻疹病毒属动物疫病，越来越引起关注。PPR 已经不再局限于首次报告疫病的西非地区流行，在大西洋到红海的很多非洲国家流行，还传播到中东，包括土耳其（PPR 有从这个国家进入欧洲地区的风险）以及南亚和西亚。PPRV 可引起家养小反刍动物急性发病，绵羊受感染的程度没有山羊严重（Lefèvre 和 Diallo，1990）。有些山羊品种对自然感染（Diop 等，2005）和实验感染（Hammouchi 等，2012；El Harrak 等，2012）极易感，表现出明显的临床症状和高病死率。但是，在非洲萨赫勒地区，当地品种的绵羊和山羊很少见 PPRV 感染，只有在血清学调查才能发现。家养和野生非洲水牛感染 PPR 表现 PPR 亚临床症状，可观察到血清转阳。无论疫病的严重程度如何，PPRV 感染后存活的动物通常会在感染后 7～10d 产生针对性抗体，并且抗体会长期持续存在。因此，对急性、亚急性和症状不明显的感染需要进行特异性抗体检测。虽然 PPRV 目前被分为 4 个谱系，但只存在 1 个血清型。目前，PPRV 可用的诊断方法较多，但同病毒中和试验（《OIE 陆生动物诊断试验与疫苗手册》指定的诊断方法）效果是否相当，能否用于诊断不同野生动物种群以及骆驼等还需进一步确定。近些年研究发现，骆驼对 PPRV 易感，表现出呼吸窘迫和高病死率（Khalafalla 等，2010）。

开发和应用快速鉴别诊断技术，对 PPR 和临床表现相似疫病进行鉴别诊断，有助于了解 PPR 的地理分布和传播特性。鉴于 PPR 对小反刍兽生产造成严重的经济冲击，许多国家开始使用 PPR 弱毒活疫苗控制疫病。牛瘟根除后，已将 PPR 列为下一个计划根除的疫病，但目前还未建立起相应的全球性控制/根除计划。据估计，目前全球有超过 10 亿只绵羊和山羊有感染 PPRV 的风险。考虑到 PPR 对小反刍兽生产带来的影响，很多国家开始进行血清学监测，了解疫病的流行状态，进一步实施控制措施，针对突发疫情制定相应的应急方案。这些工作都需要更加敏感和特异的现场快速诊断工具以及特异性诊断试剂。这类试剂开发的主要挑战来自麻疹病毒属的抗原交叉性。在根除牛瘟"战役"的最后阶段，鉴别 PPRV 和牛瘟病毒的诊断方法已经得以应用。确认一个国家或者地区无疫，需要对血清阳性个体和血清阴性个体进行准确区分。现阶段 PPR 诊断试剂的研发致力于更快捷、更有效和更环保，并且适用于多数实验室的常规检测方法。目前也有可用的新型血清学检测方法有助于疫病流行国家控制疫病。要实施精准有效的 PPR 防控策略，需要临床和血清监测找到疫病暴发的地点，监视疫病的传播和扩散情况。这些工作的技术支撑都是准确而快速的检测方法。本章将重点介绍 PPR 血清学检测的最新知识，重点关注具有免疫学意义的蛋白质研究进展，这是检测技术发展的基础。近些年，PPRV 的抗原决定簇研究取得了一定进展，预期可以提高 PPR 血清学检测方法的可靠性和准确性。

8.2 不同病毒蛋白的免疫原性

康复以及接种过疫苗的绵羊和山羊能获得终身免疫，可以完全抵抗 PPRV 再次感染。坚实的体液免疫应答是动物阻止病毒复制，清除病毒，进而存活下来的必要条件。自然感染或弱毒疫苗产生的中和抗体能保护动物免于感染。但麻疹病毒属病毒有一个共同的特点，可导致宿主出现短暂的免疫抑制。因此，虽然目前的 PPR 疫苗具有较强的免疫保护力，免疫后也不表现出临床症状，也同样可导致短暂的免疫抑制。但从某种程度上说，终身免疫与短暂的免疫抑制虽是一个明显的悖论，但病毒引起的免疫抑制并不妨碍机体产生长期的抗病毒免疫（Rajak 等，2005；Sellin 等，2009）。

检测体液免疫反应可用于评估免疫原性。虽然体液免疫在抑制病毒传播方面很重要，同时发生的细胞免疫有助于清除感染细胞。野毒感染的急性期，体温过高标志着体液免疫应答的开始。接种疫苗时，抗体在免疫后 1 周左右出现，3～4 周上升至平台期。中和抗体是机体抵抗感染的第一道防线，影响麻疹病毒属病毒的感染结局。与其他病毒感染一样，PPRV 感染刺激机体产生 IgM 和 IgG 抗体，在 IgG 出现后，IgM 很快就消失，IgG 可稳定存在若干年，水平会降低但不会消失。PPR 疫苗产生的免疫保护力可持续至少 1 年，长至 3 年（Diallo 等，2007）。

PPRV 免疫蛋白的研究成果有利于血清学检测方法的开发和改进。PPRV 的单股负链 RNA 基因组共编码 8 种蛋白质，其中 6 种是结构蛋白，包括属于核蛋白的核衣壳蛋白（N）、磷酸化蛋白（P）、基质蛋白（M）、大蛋白（L）以及属于表面糖蛋白的血凝素蛋白（H）和融合蛋白（F）（Bailey 等，2005）。N 蛋白、H 蛋白和 F 蛋白等 3 种蛋白可诱导机体的免疫反应。虽然 N 蛋白诱导产生的抗体量最多，但保护性中和抗体主要是由 H 蛋白和 F 蛋白等 2 种表面糖蛋白诱导产生。针对犬瘟热病毒、海豹瘟热病毒（Osterhaus 和 Vedder，1988）以及麻疹病毒（Chen 等，1990）的感染性研究证实了中和抗体滴度和保护性之间的相关性。因此，构建重组疫苗主要是利用 F 蛋白和 H 蛋白。单独或共同表达 F 蛋白和 H 重组蛋白都可诱导机体产生免疫保护力。例如，单独表达 F 蛋白（Berhe 等，2003）或 H 蛋白（Diallo 等，2002；Diallo，2003），或同时表达这 2 种蛋白（Chen 等，2010）的重组羊痘病毒以及表达 H 蛋白的重组犬腺病毒（Qin 等，2012）。重组羊痘病毒疫苗，单次免疫后即可产生中和抗体。抗体滴度在免疫后迅速升高，保持较高滴度至少 6 个月。羔羊获得的母源抗体可抵御病毒感染，也反映了 PPRV 抗体的保护效力（Balamurugan 等，2012）。幼畜接种疫苗获得的抗体或从感染母畜获得的母源抗体维持时间相对较短，60～90d 后呈现下降趋势，120d 后完全消失（Libeau 等，1995）。尽管特异性的细胞免疫与抑制病毒复制相关，但只要通过血清学方法检测出有抗体存在，不论是否是中和抗体，都可以作为机体保护力的标志（Mitra-Kaushik 等，2001）。

8.3　麻疹病毒属病毒的抗原关系

8.3.1　血清交叉反应

麻疹病毒属病毒之间抗原/抗体的交叉反应会干扰疫病的确诊。在同属病毒中，PPRV 与牛瘟病毒在反刍动物中表现出相似的临床症状，PPRV 需要与牛瘟病毒做鉴别诊断。在 2 种病毒的地理分布和宿主范围一致时，开展血清学监测更加困难。所幸目前已经在全球范围内根除了牛瘟。但在开发 PPRV 的特异性血清学检测方法时，仍要减少与牛瘟病毒以及其他麻疹病毒属病毒之间的交叉反应。检测手段最终应该能够准确地检测 PPRV，准确定位其分布，据此可采取措施限制病毒扩散，同时还能够和其他疫病鉴别诊断。

麻疹病毒属病毒之间的免疫相关性是由它们的核苷酸序列的相似性决

定的。蛋白质比对分析发现，相似性可能是由病毒蛋白结构和等效功能区域决定的（Chard 等，2008；Bailey 等，2007）。最初用于 PPR 检测的免疫荧光法、补体结合试验和琼脂凝胶免疫扩散试验等血清学方法都有这种交叉反应（Orvell 和 Norrby，1974）。交叉反应抗原主要有 N 蛋白、P 蛋白、M 蛋白、L 蛋白以及 F 蛋白。麻疹病毒/犬瘟热病毒（Norrby 和 Appel，1980；Appel 等，1984）、麻疹病毒/牛瘟病毒（Plowright，1962；Provost 等，1968，1971）、牛瘟病毒/小反刍兽疫病毒（Bourdin 等，1970；Gibbs 等，1979；Taylor，1979）以及犬瘟热病毒/海豹瘟热病毒（Osterhaus 和 Vedder，1988）之间有交叉保护性。

随后通过系统发育研究证实了这些组合（除了牛瘟病毒/小反刍兽疫病毒）的相关性。事实上，牛瘟病毒/麻疹病毒、犬瘟热病毒/海豹瘟热病毒分别构成 1 个支系，小反刍兽疫病毒属牛瘟病毒/麻疹病毒支系的 1 个分支（Diallo 等，1994；Kwiatek 等，2007；Minet 等，2009）。

8.3.2　PPRV 血清学诊断的靶标

蛋白质功能的研究进展与血清学诊断技术的发展密切相关。参与免疫应答的蛋白质功能研究为筛选免疫原性和特异性好的表位奠定了基础。麻疹病毒属病毒的 H 蛋白和病毒吸附相关，基本不会引起属间病毒的交叉反应，是决定病毒的宿主特异性差异的因素之一。H 蛋白也是重要的抗原成分。H 蛋白的抗原表位和细胞自噬有关，与宿主特异性信号淋巴细胞活化分子（SLAM）受体（CD150）相结合，诱发特异性的免疫反应（Vongpunsawad 等，2004）。在麻疹病毒中还鉴定到了可干扰 H 蛋白和 F 蛋白相互作用的抗原表位（Tahara 等，2013）。历史上，也是利用 RPV 和 PPRV 和同源以及异源抗体的差异性，将其分类为麻疹病毒属中的 2 种不同病毒（Gibbs 等，1979；Taylor，1979；Saliki 等，1993）。

PPRV 的 H 蛋白除了和 MV 的 H 蛋白一样都具有血凝素活性外（Wosu，1985；Seth 和 Shaila，2001；Osman 等，2008），还具有神经氨酸酶活性（Devireddy 等，1998；Seth 和 Shaila 2001）。用单克隆抗体（mAbs）抑制神经氨酸酶活性和血凝素活性的方法来确定中和抗体表位，并绘制抗原表位图谱。H 蛋白氨基酸序列上 2 个不连续区域 263～368 和 538～609 影响单克隆抗体和 H 蛋白结合，结合第二个区域的单克隆抗体能够区分 PPRV 和 RPV。从 H 蛋白的表位图谱看，部分单克隆抗体可能识别构想表位（Re-nukaradhya 等，2002）。基于 H 蛋白单克隆抗体建立的检测方法可用于 PPRV 和牛瘟病毒的血清学鉴别诊断（Anderson 和 McKay，1994）。

F 蛋白是 PPRV 病毒蛋白中最保守的蛋白。有研究认为犬免疫麻疹疫苗产生针对犬瘟热的交叉保护主要是 F 蛋白起作用（Appel 等，1984）。F 蛋白是 PPRV 主要的交叉保护性抗原，F 蛋白的 N 端和 C 端都很保守（Meyer 和 Diallo，1995；Chard 等，2008）。PPRV 的抗 F1 单克隆抗体能够在牛瘟病毒和 PPRV 毒株上识别到独特的抗原表位，但在犬瘟热病毒和麻疹病毒上没有。由于 F 基因的高度同源性，也可用于 PPRV 的分子流行病学分析（Banyard 等，2010；Munir 等，2012）。

麻疹病毒属病毒的 N 蛋白具有较高的抗原保守性。N 蛋白位于病毒的核心部位，和其他病毒蛋白相比，它的表达水平很高，并且有高的免疫原性。PPRV 的 N 蛋白的氨基酸序列分为 3 个不同的区域（Diallo 等，1994）：中度保守的氨基端、高度保守的中心区以及覆盖 105 个氨基酸的极不保守的羧基端。结合肽扫描和 N 蛋白截短分析，绘制 B 细胞抗原表位图谱，确定了 N 蛋白的免疫活性位点。区域 1～262（Choi 等，2005；Bodjo 等，2007）和 448～521（Choi 等，2005）参与了免疫应答。已经有麻疹病毒（Buckland 等，1989；Longhi 等，2003）和牛瘟病毒（Choi 等，2004；Bodjo 等，2007）等其他麻疹病毒属病毒的 N 蛋白氨基末端和羧基末端的表位图谱。除通过鼠源单克隆抗体检测外，PPRV 抗原表位还可通过免疫或感染牛羊的阳性血清加以确认（Bodjo 等，2007）。抗 N 蛋白的单克隆抗体备受关注，是因为它可以区分 PPRV 和牛瘟病毒。McCullough 等（1991）最早筛选到了这样的单抗。相关单抗已用于开发 ELISA 鉴别检测试剂盒（Libeau 等，1992，1994，1995，1997）。

总之，对病毒蛋白功能的深入了解为筛选检测用单克隆抗体奠定了良好的基础。可用同时针对 PPRV 和牛瘟病毒的单克隆抗体筛选 2 种病毒共同的或特异性的抗原表位。特异性的单克隆抗体可进一步应用于疫病诊断，特别是血清学常规检测。

8.4 血清学检测

PPR 的确诊要结合血清学检测结果和临床症状，同时尽可能利用病毒检测结果和流行病学数据。PPR 在临床上容易与出血性败血症、山羊传染性胸膜肺炎（CCPP），甚至是牛瘟（牛瘟也能感染小反刍动物）混淆。在感染动物没有表现 PPR 特征性临床症状时，就像在非洲萨赫勒地区发生 PPR 疫情时，绵羊和山羊没有表现明显的临床症状，疫情确诊需要依赖可靠的血清学检测结果。研究人员在研发准确可靠的血清学检测技术方面付出了很多努力。检测 PPRV 抗体最常用的方法是病毒中和试验（VNT）和酶联免疫吸附试验（ELISA）。血凝抑制试验（HI）和间接免疫荧光试验（IFA）等其他检测方法，近年来已逐渐被现代血清学检测方法所取代。本节将对 PPRV 抗体的血清学检测方法进行综述，详情可见表 8.1。

表 8.1　小反刍兽疫血清学检测方法

使用技术	抗原	检测抗体	特异性	参考文献
病毒中和试验（VNT）	滴定活毒	H 蛋白，F 蛋白	高度特异性（特异性最高的 PPRV 血清学诊断方法）	OIE（2013），Taylor（1979），Taylor 和 Abegunde（1979）
血凝抑制试验（HI）	鸡红细胞	总免疫球蛋白	低特异性	Dhinakar 等（2000）
间接免疫荧光试验（IFA）	被感染的单层细胞	总免疫球蛋白	特异性低，优化感染的单层细胞可获得较好的特异性	Libeau 和 Lefevre（1990），Wang 等（2013）
间接 ELISA	全长重组 N 蛋白，昆虫-杆状病毒细胞表达系统	N 蛋白	在麻疹病毒属中具有高度交叉反应	Ismail 等（1995）
间接 ELISA	全长重组 N 蛋白、E 蛋白，大肠杆菌细胞表达系统	N 蛋白		Zhang 等（2012）

（续）

使用技术	抗原	检测抗体	特异性	参考文献
间接 ELISA	全长重组 H 蛋白，转基因细胞	H 蛋白		Balamurugan 等（2006）
阻断 ELISA	全病毒，疫苗毒	H 蛋白	高度特异性，与 RP 交叉反应低	Saliki 等（1993）
竞争 ELISA	全病毒，疫苗毒	H 蛋白		Anderson 和 McKay（1994），Singh 等（2004）
竞争 ELISA	全长重组 N 蛋白，昆虫-杆状病毒细胞表达系统	N 蛋白		Libeau 等（1995），Choi 等（2005）
竞争 ELISA	截短和全长重组 N 蛋白、E 蛋白，大肠杆菌细胞表达系统	N 蛋白		Yadav 等（2009）
合成肽 ELISA	N 蛋白合成肽	N 蛋白	高度特异性，与 RP 交叉反应低	Dechamma 等（2006）
抗原表位竞争 ELISA	N 蛋白抗原表位合成肽	N 蛋白	高度特异性	Zhang 等（2013）

8.4.1　病毒中和试验(VNT)

最早用于检测 PPR 保护性抗体的血清学方法就是病毒中和试验，这是《OIE 陆生动物诊断试验与疫苗手册》中指定的国际贸易检测方法（OIE，2013）。其原理是通过在细胞上测定抗体对病毒的中和作用来滴定血清抗体效价。检测时，倍比稀释的血清和试管或平板中培养的病毒作用，孵育 1～2 周。和对照组相比，含有中和抗体的血清能抑制细胞病变出现（CPE）。免疫血清的抗体效价是能够抑制产生 CPE 的最大稀释度。该检测方法需要敏感细胞以及病毒毒株。该方法最早应用于牛瘟检测（Plowright 和 Ferris，1961；Rioche 等，1969）。但在小反刍兽疫病毒中和试验建立之前（Taylor，1979；Taylor 和 Abegunde，1979），无法区分 PPRV 和牛瘟病毒的免疫反应。Rossiter 等（1985）对小反刍兽疫病毒中和试验进行了改进，在 96 孔板上进行，随后被用于抗体筛查。阳性临界值滴度定为 10，是动物具有免疫反应的最小效价。在实施牛瘟血清学监测和根除计划时，病毒中和试验在家养动物和野生动物种群 PPRV 与牛瘟病毒的鉴别诊断（Kock 等，2006）中发挥了重要作用。对血清样品平行进行 PPRV 和牛瘟病毒中和试验，能有效区分同源和异源的免疫反应（Obi 等，1984）。

病毒中和试验虽然是诊断的金标准，但操作繁琐，不适用于大规模监测。病毒中和试验中的病毒和细胞培养都需要时间，整个试验过程需要 10～12d。此外，试验需要标准的病毒株和 Vero 细胞，以及特定的实验室仪器和操作程序才能进行。在 PPR 流行地区的大多数实验室都无法满足上述条件。考虑到牛瘟已经根除，该方法的实用性已大大降低。目前，仅在有条件的实验室使用，或用于参考实验室的验证试验。就这一点而言，病毒中和试验可用于评估新方法对未知种群、骆驼以及易感 PPRV 野生动物物种的检测能力。传统的病毒中和试验方法也在改进，表达绿色荧光蛋白（GFP）的重组病毒取代原来使用的 Nigeria/75/1 疫苗毒株。这样在试验第 4 天即可观察荧光细胞，6～8d 即可完成试验。检测时间较传统方法缩短了 4d。改进的方法用免疫动物血清进行了验证，测定的中和抗体滴度和传统方法无统计学差异（Hu 等，2012）。

8.1.2 基于全病毒的 ELISA

20 世纪 90 年代，开发了多种用于检测绵羊和山羊血清抗体的 ELISA 方法，包被抗原是 Vero 细胞培养的 PPRV 全病毒。Balamurugan 等（2007）建立了间接 ELISA 试剂盒，待检血清和包被的 PPRV 相结合，加入酶标二抗，底物显色后，测定检测结果。该检测方法不能区分麻疹病毒属病毒之间的交叉反应，只可用于筛查试验，如果检测结果是阳性，需要再进一步进行确诊试验。阻断 ELISA（b-ELISA）（Saliki 等，1993）是将待检血清先同包被的固相抗原进行孵育反应，之后再加入特异性单克隆抗体。竞争 ELISA（c-ELISA）（Anderson 和 McKay，1994；Singh 等，2004）是将待检血清和特异性单克隆抗体同时加入反应板。这 2 种检测方法都使用全病毒作为包被抗原，H 蛋白的单克隆抗体做竞争抗体。这些方法的基本原理是待检血清中的抗体竞争/阻断 H 蛋白单克隆抗体与固相抗原的结合（图 8.1）。

（a）
抗原 　　加入血清样本　　洗涤+配对　　洗涤+基底　　染色产品

（b）
抗原　　添加血清+酶标单克隆抗体　　洗涤　　添加基底　　染色产品

蓝色结果（阴性）

浅蓝色结果
（阳性）

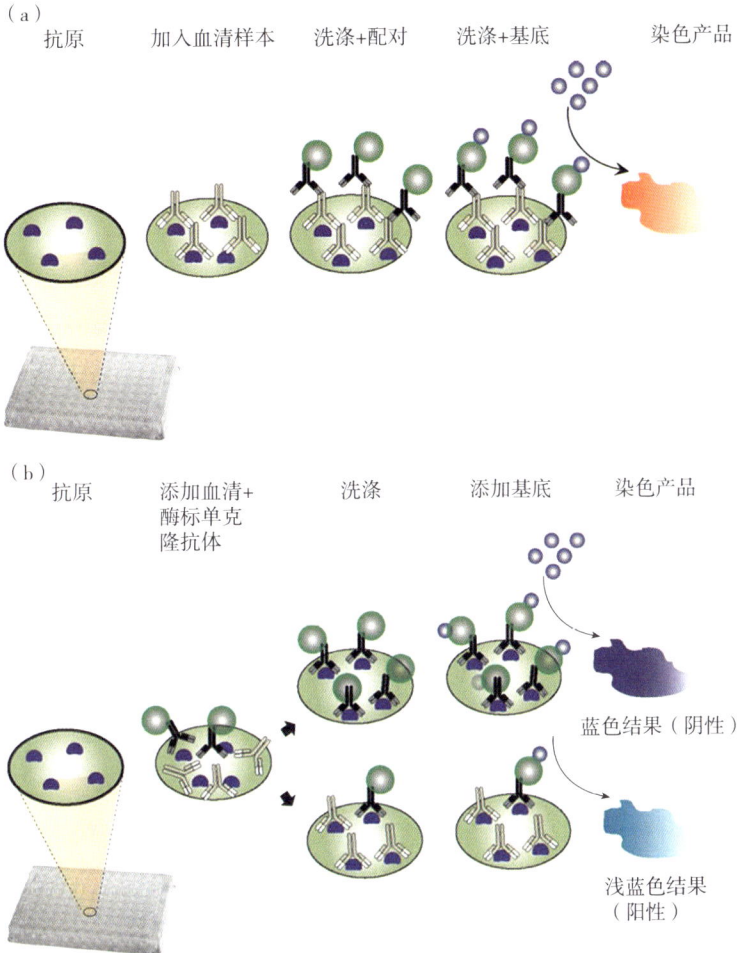

图 8.1　间接 ELISA 和竞争 ELISA 示意图。全病毒抗原或重组抗原均可用于包被微孔板。a. 在间接 ELISA 中，将待检血清加入微孔板中，如果待检血清中存在 PPRV 抗体，将和抗原相结合。未结合的物质被洗掉。抗原-抗体复合物同酶标结合物一起培养，多余的酶标结合物被洗掉，然后加入显色酶底物。酶结合物催化反应在作用一段时间后被终止。颜色的变化与待检血清中的特殊抗体呈正相关。b. 在竞争 ELISA 中，待检血清中的 PPRV 抗体将阻止酶标单克隆抗体与包被在酶标板上的 PPR 病毒抗原相结合，加入显色酶底物作用一段时间后结合在酶标板上的酶标单克隆抗体将会发生显著的颜色变化。强烈的颜色变化说明很少或没有抗体与酶标单克隆抗体进行竞争，说明样本中的血清不存在 PPRV 抗体。而轻微的颜色变化说明待检血清中存在 PPRV 抗体与酶标单克隆抗体竞争。所有间接 ELISA 和竞争 ELISA 都通过酶标仪进行读数并通过校准器和对照进行比较

包被抗原使用的毒株有 Sungri（Singh 等，2004）或 Nigeria/75/1（Anderson 和 McKay，1994；Saliki 等，1993）毒株。在感染细胞出现细胞病变后，收集细胞超声破碎离心获得粗抗原，之后通过蔗糖密度梯度离心以及 PEG 浓缩获得包被抗原。用已知滴度（病毒中和试验测定）的 PPRV 和牛瘟病毒阳性血清优化试验条件。阻断 ELISA 比竞争 ELISA 的敏感性和特异性高，将 45% 的抑制率作为临界值［阴性样品（n＝277）平均抑制率％＋2 标准差］，用病毒中和试验结果为标准，敏感性和特异性分别是 90.4% 和 98.9%。田间试验的结果显示，2 种检测方法（n＝253）的一致性为 0.91（Saliki 等，1993）。Anderson 和 McKay（1994）开发了基于 H 蛋白单克隆抗体（C77）的 c-ELISA 方法。该方法在非洲、中东和亚洲应用于小反刍兽的检测，实践证明非常可靠。英国 BDSL 公司已将其商业化。一些研究显示，与高特异性牛瘟 c-ELISA 相比，PPR 的 c-ELISA 能检测到部分针对牛瘟病毒的抗体。因此，如果用于牛瘟免疫的动物时，该方法的特异性会明显下降（Anderson 等，1991；Couacy-Hymann 等，2007）。

8.4.3　血凝抑制试验(HI)

血凝抑制试验也是常规的血清学检测手段。为了方便检测，可以选择使用 0.5% 鸡红细胞方法。该方法和病毒中和试验结果相关性很高（Dhinakar 等，2000）。该方法检测靶标是血清中的免疫球蛋白，因此，适用于血清学监测。它的另一个好处是不需要昂贵、特殊的设备。但缺点是和麻疹病毒属的其他病毒产生严重的交叉反应。另外，血凝抑制试验很难进行质控，试剂也难标准化，而这些又是影响确诊试验质量的关键因素。

8.4.4　间接免疫荧光试验(IFA)

间接免疫荧光试验不适用于大规模血清学监测。该试验使用福尔马林或丙酮固定感染的单层细胞，再用分别加入血清和相应的荧光标记二抗孵化后，在荧光显微镜下观察试验结果。实验操作需要在有适当设施的实验室进行。利用间接免疫荧光试验，PPRV 在感染细胞中的免疫反应形成了特有的荧光模式。尽管间接免疫荧光试验需要经验和技巧，但该方法比间接 ELISA 特异性更好，清晰的细胞内荧光容易和背景区分，并且荧光与细胞中抗原定位相对应。为了提高方法特异性，可以进一步优化反应条件，如在 20%～40% 的荧光单层细胞时可以更好地观察到特异性荧光（Libeau 和 Lefevre，1990）。

Wang 等（2013）发表的论文就是利用间接免疫荧光试验作为研究手段。针对重组 F 蛋白的多克隆抗体，使用间接免疫荧光试验在转染细胞中验证其特异性。作者希望鉴定到高滴度的 F 蛋白多克隆抗体，并以此为基础研究 PPRV 早期感染的致病机理以及 F 蛋白的结构和功能特性。

8.5 基于重组蛋白和肽的 ELISA

研究人员通过在不同表达系统中表达特异性基因，开发出新一代抗原。昆虫细胞杆状病毒表达系统和大肠杆菌表达系统是生产诊断用抗原的最合适替代品。表达的相应蛋白可用于血清学检测试剂的开发。重组抗原比全病毒抗原有很多优势。重组蛋白克服了纯化病毒颗粒操作繁琐和花费高的缺点。重组抗原满足达到最佳敏感性和特异性对抗原一致性和标准性的要求，并可以大量表达（约 20 mg/L 培养物）。因此，重组蛋白抗原是诊断试剂良好的候选抗原，无论是否有 PPR 流行，都是进行血清学监测的安全可靠的选择。

PPRV 的 6 个结构蛋白中，N 蛋白是最主要的病毒蛋白。相比较于其他蛋白，N 蛋白在病毒复制过程中大量表达且具有较好的免疫原性，可作为诊断检测用抗原。N 蛋白在体外能够大量表达，基于重组 N 蛋白（rPPRV-N）的 ELISA 可以标准化和产业化生产用于血清学的高通量筛选。虽然针对 N 蛋白的抗体并不是中和抗体，在分析 N 蛋白的 ELISA 检测结果时，可以认为无论是自然感染和疫苗免疫条件下，针对 N 蛋白的免疫应答和机体产生的保护性免疫反应是平行的。因此，很多研究利用重组杆状病毒表达系统（Ismail 等，1995；Libeau 等，1995；Choi 等，2005）或大肠杆菌表达系统（Yadav 等，2009；Zhang 等，2012）表达全长或截短的 PPRV-N 蛋白。全长表达的 N 蛋白的分子量为 58ku，重组蛋白通过蛋白质印迹方法进行鉴定。

8.5.1 基于重组 N 蛋白或感染细胞的间接 ELISA

重组 N 蛋白间接 ELISA 可以用于检测 PPR 的免疫应答（Ismail 等，1995；Zhang 等，2012）。使用重组 N 蛋白抗原替代全病毒抗原，可以避免由于细胞成分造成的假阳性。虽然重组 N 蛋白间接 ELISA 并没有很高的特异性，但因为病毒 N 蛋白在同属病毒中的高度保守，依旧被推荐用于筛选试验。但是，由于牛瘟已被根除，因此，没有反刍动物的麻疹病毒属病毒干扰重组 N 蛋白的间接 ELISA 试验结果的证据。此外，值得强调的是，间接 ELISA 操作简便。如果广泛采用间接 ELISA，需要关注和这种检测方法相关的现象：PPR 流行国家的阴性群体和无疫国家的阴性群体表现有所不同，前者会展示出更高的背景值。还需要大量样品对该方法进行确认，特别是关于 cut-off 值的设定。

Ismail 等（1995）首次报道建立了重组 N 蛋白间接 ELISA 方法。用喀麦隆山羊疑似 PPR 疫情中收集的血清对间接 ELISA 进行了评价。所有田间样本（n＝18）测得 ELISA 效价范围为≥8～1 024，而中和抗体效价范围为＜4～4 096。结果显示病毒中和试验为阴性的，间接 ELISA 也为阴性。Zhang 等（2012）在大肠杆菌中表达了西藏分离株全长 N 蛋白。将西藏株重组 N 蛋白间接 ELISA 和 Nigeria/75/1 疫苗株重组 N 蛋白 c-ELISA（Libeau 等，1995）进行比对。2 种检测方法抑制率的差异在 5%～15%。用隔离饲养的健康山羊血清（n＝198）对试剂盒进行了评价，西藏株重组 N 蛋白间接 ELISA 的 cut-off 值设定在阳性/阴性光密度值为 2.18。进一步用背景已知的血清（n＝697）初步评估了该方法的适用性。

研究人员还研发了其他血清诊断方法。Balamurugan 等（2006）用 CMV 启动子载体克隆 PPRV 的 *H* 基因，构建到 Vero 细胞基因组上。构建的 Vero 细胞系可以稳定表达 H 蛋白，并依此建立了相应的 ELISA 检

测方法。随后，用大量的山羊田间样品进行了验证。和全病毒间接
ELISA 相比，该方法的敏感性和特异性更高。

8.5.2　基于重组 N 蛋白的 c-ELISA

基于 PPRV 重组抗原的 c-ELISA 和之前开发的方法，特别是和病毒
中和试验比较验证，对来自不同地理区域小反刍动物群体检测结果都是一
致的。优化后的 c-ELISA 精准度更高，实用性更强。

对杆状病毒表达系统表达重组蛋白的表达量和纯化效率进行了评价。
用粗裂解产物或亲和纯化的重组 PPRV-N 蛋白作为包被抗原检测 PPR 抗
体。首个建立的 c-ELISA 方法，在对实验感染或免疫动物的血清进行验
证之后，应用于血清学调查。该方法首次由 Libeau 等发表（1995），是
OIE 认可的 PPR 诊断方法之一。随后由 Choi 等（2005）对该方法进行了
改进。Libeau 等在 ELISA 中选择了对 PPRV 株具有很高的亲和力的单克
隆抗体。昆虫细胞表达的重组 N 蛋白上存在 N 蛋白的天然表位，因此，
重组 N 蛋白在竞争 ELISA 中发挥和全病毒同样的作用。通过检测实验感
染动物（n=148）的血清证明，和 VNT 方法比较，竞争 ELISA 的相对
敏感性和特异性分别为 94.5% 和 99.4%。2 种检测方法的相关系数为 r=
0.94（n=683）。进行大规模血清学监测，特别是在热带环境下，c-
ELISA 比病毒中和试验更加简便易行。该方法还能可靠检测幼畜通过吸
食初乳获得母源抗体水平的变化情况。在塞内加尔暴发的疫情中，用该方
法检测非洲矮山羊和萨赫勒山羊的血清样品，效果也非常好（Diop 等，
2005）。随后该方法在多个地区应用于检测 PPRV 抗体（Kwiatek 等，
2007；Ayari-Fakhfakh 等，2011）。目前该试剂已经商品化（ID Screen®
PPR Competition kit from IDVet）。

利用大肠杆菌表达系统表达部分或者全长 PPRV 的 N 蛋白。组氨
酸标记的蛋白用 Ni-NTA 树脂层析柱纯化并洗脱。纯化的抗原包被微
孔板可用于测定免疫兔获得多抗和筛选单克隆抗体的反应性，进一步
建立 c-ELISA 检测方法（Yadav 等，2009）。用既没有疫苗接种史又
没有自然感染 PPR 的山羊血清（n=70）进行检测，大肠杆菌表达系
统表达的 N 蛋白 c-ELISA 和全病毒 c-ELISA 效果相同（Singh 等，

2004）。研究人员利用在 PPR 流行地区随机抽取的绵羊和山羊（n＝120）血清样本初步评价 c-ELISA 方法是否适合血清学监测。重组蛋白 c-ELISA 方法在 93 份 PPRV 检测阳性样品中检测到 73 份阳性样品。由于初步研究中分析样品数量有限，未与病毒中和试验进行比较。

8.5　基于肽或表位的 ELISA

虽然在 PPR 流行地区 c-ELISA 表现出令人满意的诊断效果，但同牛瘟病毒有一定的交叉反应性（Couacy-Hymann 等，2007；Anderson 和 McKay，1994）。表达单个抗原表位的合成肽是提高 PPR 诊断方法特异性的有效手段，合成肽可以替代重组蛋白或全病毒抗原。合成肽间接 ELISA 能消除非特异性反应或位阻现象，被认为比全抗原更具优势。此外，这种方法无须培养病毒或制备单克隆抗体。在所有结构蛋白中，N 蛋白含量是最丰富的，可迅速产生抗 N 蛋白抗体应答，可作为合成特异性表位的靶基因。在试剂盒研发之前，需要用序列-结构分析软件预测分值最高的表位。比较肽与山羊抗 PPR 血清和兔抗牛瘟血清的反应，这样可以有效并且快速地识别 PPR 的特异性抗原表位。Dechamma 等（2006）筛选到 N 末端区域的肽[132]STEGPSSGSKKRIN[144]以及 C 末端区域的肽[433]ATREEVKAAIP[143]和[454]RSGKPRGETPGQLLPEIMQ[172]，这些肽表现出与 PPRV 抗体的高度特异反应。筛选到免疫显性的 N 蛋白抗原表位和结构域是研发免疫学检测方法的基础。然而，还需要对合成肽 ELISA 与传统的病毒中和试验和 c-ELISA 进行比较。在牛瘟病毒的诊断中，肽[479]PEADTDPL[486]（Choi 等，2004）或大肠杆菌表达的 N 蛋白 C 末端 421～490 段的整个多变区域用作合成肽抗原。尽管检测结果令人鼓舞，但合成肽 ELISA 在提高特异性的同时可能会导致敏感性降低。

为进一步提高 c-ELISA 的特异性，研究人员利用已知免疫原性和特异性 N 蛋白表位来生产多克隆抗血清，取代检测体系所用的单克隆抗体。改进后的 c-ELISA 敏感性更高、特异性更强、更容易操作，并且克服了单克隆抗体生产耗时费力的缺点（Zhang 等，2013）。用该方法对 1 039份血清样本进行检测，和商品化 c-ELISA 相比，敏感性和特异性分别为 96.18％和 91.29％。相比传统单抗为基础的 c-ELISA，该方法的效果提升主要来源于针对性多肽生产的多克隆抗体。但是，与用杂交瘤细胞生产单抗相比，多克隆抗体的缺点是生产很难标准化，批次和批间差异会影响抗原抗体反应亲和性和亲和力，进而影响检测结果的敏感性和特异性。

8.6　DIVA 疫苗配套检测方法

接种过疫苗的小反刍兽其血清学反应与野毒感染没有区别，因此，目前的检测方法还不能区分免疫动物和感染动物。因此，DIVA 疫苗和配套检测方法将有助于制定免疫策略以控制疫病。最理想的情况是，有合适的血清学检测方法可以鉴别和区分野毒感染的动物、免疫动物以及接种疫苗后有野毒感染的动物。在实施疫苗免疫的疫病流行区域就可能存在上述状况。从牛瘟病毒的攻毒试验发现，病毒在免疫动物体内有流产式复制（Walsh 等，2000）。这种有限的复制足以引起免疫动物产生新的抗体反应。要解决标记疫苗问题以及研发区分上述 3 种情况的配套检测方法，首先要找出 PPRV 蛋白上的免疫显性区域。可以通过反向遗传技术在拯救的 PRRV 中缺失或者增加表位，获得 DIVA 疫苗。按着这个思路，在牛瘟病毒的骨架上，将 H 蛋白的 C1 单克隆抗体（用于 c-ELISA的单抗）结合位点进行了突变（Buczkowski 等，2012）。上述进展为研发标记疫苗奠定了良好的基础。DIVA 疫苗和配套检测方法将成为无疫国家或地区防控突发 PPR 的理想工具，并且将成为比扑杀政策更经济适用的方法。此外，标记疫苗将降低检测成本并加快疫病控制和根除的步伐。

8.7　结论

　　PPR 是给国家经济、食品安全和农户收益带来巨大影响的一种破坏性疫病。除此之外，疫病流行国家还会受到国际贸易限制。PPR 目前在非洲、中东和亚洲的很多国家流行，由于疫病的快速传播特性，欧洲、非洲和亚洲的无疫国家也面临巨大的威胁。由于 PPR 临床症状不同，且和山羊传染性胸膜肺炎或肺炎型巴氏杆菌病的呼吸道症状相似，因此鉴别诊断很困难，这也是导致高病死率的主要原因。在疫情暴发时，首先要做的就是快速准确诊断。PPR 疫苗非常有效，能够使动物产生 3 年以上的有效抗体。常规血清学检测方法可对免疫抗体进行评价。

　　从以上综述来看，c-ELISA 是准确、标准和有效的检测方法，可用于检测感染或疫苗免疫引起的免疫反应。因传统的病毒中和试验受试验条件所限，c-ELISA 检测方法有望成为病毒中和试验的替代检测方法。使用基于单个表位的单克隆抗体，c-ELISA 的诊断特异性能显著提高。无论是用全病毒还是重组病毒作为抗原，PPR 的 c-ELISA 都是通过间接推动牛瘟根除计划（如泛非洲控制动物疫病计划——PACE 计划）的实施而证明了它的实用性。

　　继牛瘟被根除后，PPR 已成为关注重点。特别是近年来，人们逐渐认识了它的破坏性以后，国际组织越来越关注该病。目前 PPR 已经到了全球组织疫病控制的阶段，并且有望和牛瘟一样，实现全球根除。在疫苗运动的最后阶段，对无疫国家的确认需要有精确区分血清阳性和血清阴性的检测方法。因此，只有不断提高检测方法的敏感性和特异性才能确诊真阳性动物。确定检测策略和规划疫病控制措施是诊断试剂的改进方向。从这个角度看，可以肯定快速诊断方法和特定的免疫试剂是这场战斗的核心武器。

第九章　小反刍兽疫病毒基因组研究进展

Emmanuel Couacy-Hymann

摘要： 分子生物学技术为高分辨率检测 PPRV 基因组提供了很多灵敏度和特异性都非常高的手段。放射性同位素技术是过去常用的方法。考虑到对人体和环境造成的危害，该方法已很少使用，并且开始应用地高辛/抗地高辛杂交系统等替代技术。此外，利用不同的聚合酶链反应（PCR）（常规 PCR、实时 PCR、多重实时 PCR、LAMP-PCR）也可以方便地检测 PPRV 的基因组，并且检测结果不受谱系变异的影响。检测之前，需从患病动物采集足够的样本，保存完好并迅速送达实验室进行分析。尽管这些新的诊断方法有令人信服的表现，但这些方法还不能直接区分病毒毒株的谱系。目前，通过对 PCR 扩增产物测序来确定 PPRV 谱系的遗传分类并建立流行病学联系。

9.1　简介

目前，有多种分子技术可以敏感、特异的检测 PPRV。这些检测技术包括 cDNA 探针以及不同的 PCR 技术。这些方法都需要相应的检测设备。目前应用的主要方法是以 PCR 技术为基础，结合杂交方法来特异性地检测 PPRV 基因组。

PPR 已成为非洲和亚洲多个国家主要的新兴跨界传播疫病（TAD）。因此，及时、有效地诊断 PPR，快速实施有效的控制措施，对于减少疫病对农村人口的负面影响和维持生计非常重要，因为小反刍动物仍然是这些人口的重要收入来源。

在世界范围内根除牛瘟之前，牛瘟病毒是和 PPRV 密切相关的病毒（Gibbs 等，1979）。虽然 PPRV 仅能引起大型反刍动物的亚临床症状，且不会通过接触传播给其他动物（Diallo 等，1989；Couacy-Hymann 等，1995），但牛瘟病毒和 PPRV 都能在小反刍兽体内复制，因此，必须能将这 2 种病毒鉴别开来。在这样的背景下，开发出了几种具有不同化学性质和敏感性的诊断技术。

任何针对 PPRV 田间样本的检测技术都需要符合以下标准：
- 敏感性和特异性；
- 在常规基础上简单易行；
- 耗费时间少；
- 用于大批量和高通量检测。

和传统的病毒分离技术或抗原检测技术相比，分子检测技术满足上述条件。但分子检测技术的检测结果非常依赖样本的质量。因此，要求实验室和田间工作人员具有专业的样品收集、储存和运输技能。一旦样本安全送达实验室，提取核酸（DNA 或 RNA）后，就可用不同的方法进行检测。除了检测病毒基因组，基于 F 基因（Forsyth 和 Barrett，1995）和 N 基因（Couacy-Hymann 等，1993，2002）的一段序列还可以将 PPRV 分为 4 个谱系。但近来发现 N 基因趋异性更大，因此更适合用于系统发育分析（Kwiatek 等，2007；Kerur 等，2008；Banyard 等，2010）。

9.2　小反刍兽疫病毒的基因组结构

作为副黏病毒科麻疹病毒属的成员，PPRV 的基因组是不分节段的单股负链 RNA 病毒，基因组被核糖核蛋白（RNP）包裹。基因组长度约为 16 000 个核苷酸。PPRV 基因组编码 6 个连续、非重叠的结构蛋白。病毒基因组的顺序（N-P/C/V-M-F-H-L）与典型的麻疹病毒属病毒 3'到 5'末端的顺序一样。在感染阶段，PPRV 还会产生 3 个非结构蛋白，V、W和 C。病毒的每个基因之间都有序列长短不一的区域，但这些区域的功能还不清楚（Diallo 等，1989）。PPRV 呈多形性，有囊膜，囊膜表面有 2个糖蛋白——F 蛋白和 H 蛋白（详见第二章）。PPRV 的分子诊断主要针对 F 蛋白和 N 蛋白。N 蛋白是结构蛋白中首先产生且表达量最大的蛋白，因此，非常适合开发具有较高敏感度和特异性的检测方法。

9.3 样本采集

在高热期（病毒血症期）采集屠宰后或刚死亡动物尸体的样本质量较好。可用于诊断检测的样品包括活体动物采集的泪液、鼻腔和口腔拭子，制备血清的全血样品和 EDTA 全血；剖检采集肺部、淋巴结（支气管淋巴结、肠系膜淋巴结）、扁桃体、脾脏和肠道组织。采集的样品应在当天快速送到实验室，如果可能的话，应在冰或液氮中储存。在野外条件下，可以将样品保存在硫氰酸胍（4mol/L）或 Trizol（GIBCO BRL）等防止RNA 降解的溶液中。这样样品可以不通过冷链运输到实验室。快速采样滤纸是一种适合热带条件下保存和运输样品的方法。即使在高温条件下储存了很长时间，这种方法保存的样品也能进行病毒分子检测和基因分型。采集含病毒血液的滤纸可以分成若干小块放入离心管进行常规 PCR 检测（Michaud 等，2007），或者，可以使用洗脱缓冲液洗脱后再用于核酸扩增。

9.4 分子检测实验室

缺乏分子检测的专业知识可能会导致检测结果出现假阳性。进行分子检测需要在几个工作室或工作区域内进行。例如，PCR 操作至少需要 3

间工作室（4 间更好）。每个工作室都应配备专用的材料。为了避免 DNA 分子气溶胶污染空气，PCR 管不能在前序工作室里打开。PCR 检测中一定要设立阳性和阴性对照。微量吸液管可置于交联仪中，经紫外线降解 DNA。试验台用 10％漂白粉液清洗。

9.5　PPR 的分子生物学诊断

9.5.1　杂交技术

杂交技术是检测特定基因的有力手段，可广泛用于病毒、细菌和寄生虫感染的诊断（图 9.1）。这种方法需要从生物样本中提取核酸。

9.5.2　放射性探针

临床实验室可用放射性同位素标记的核酸探针检测和识别靶基因。同时，结合放射自显影技术可提高检测的灵敏度和分辨率（Manak，1993）。在实验过程中必须谨慎处理放射性同位素以避免污染。实验室工作人员应戴手套，工作室应设有放射性标志，试验台面上应铺有塑料底的吸水纸等。此外，必须妥善处理放射性化学物质和废弃物。

用 $[^{32}P]$ dATP 标记的 N 蛋白 cDNA 探针可以特异性检测 PPRV 基因组。从感染的组织中提取 RNA 后，与 cDNA 探针进行杂交检测 PPRV 基因组（Diallo 等，1989）。以 PPRV 特

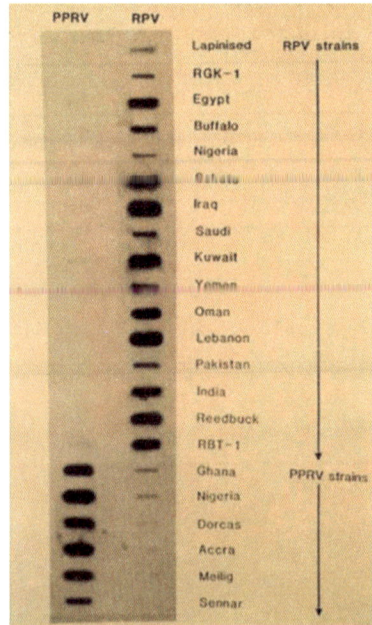

图 9.1　从感染了一系列 PPRV 和 RPV 分离株（利用其 RNA）的细胞杂交出含有 PPRV 和 RPV 的 cDNAs 的细胞

定基因为靶基因合成的寡聚核苷酸用放射性同位素标记后，也可作为诊断用探针。

尽管放射性同位素技术具有实际优势，但大多数发展中国家还是不能将它作为常规手段进行推广。主要限制性因素是放射性标记的健康危害、成本、放射性废弃物的处理以及缺乏适当的设备。因此，放射性标记探针技术目前尚未用于 PPRV 的诊断（Couacy-Hymann 等，2002）。

9.5.3 非放射性探针（无放射性同位素标记的寡聚核苷酸探针）

出于安全考虑，放射性标记 DNA 探针已被非放射性 DNA 标记探针取代。检测标准程序可分为 3 个步骤：

标记：应用随机引物标记技术将 1 个地高辛标记 dUTP（digoxigenin-11-dUTP）引入 DNA。

杂交：地高辛标记探针与固定的 DNA 结合。

检测：用酶偶联的地高辛抗体检测地高辛标记探针。抗原和抗体结合物的位置可以通过酶链显色反应显示。

针对 PPRV 特定基因的寡聚核苷酸用地高辛-dUTP 或生物素-dUTP、生物素-dATP 等标记后作为非放射性探针。杂交后，使用酶标抗地高辛或抗亲和素/链霉亲和素检测地高辛或生物素标记的探针。地高辛/抗地高辛-酶和生物素/亲和素或链霉素等杂交体系是检测 PPRV 的有力工具。用探针检测 PCR 反应产物可以提高 PCR 技术的敏感性（Couacy-Hymann 等，2002）。非放射性同位素杂交法通常用于 PPR 等疫病的实验室检测，在 RT-PCR 之后，对扩增子进行检测。这些扩增子通过 Southern 印迹或斑点印迹技术转移到膜上后，再用地高辛标记探针检测。这种检测方法安全、敏感、特异，足以替代放射性同位素标记方法。

9.5.4 用于检测 PPRV 的 PCR 技术

目前，已开发出常规 PCR、环介导逆转录等温扩增试验（RT-LAMP-PCR）等多种检测 PPRV 基因组的 PCR 技术。不同 PCR 方法的敏感性和特异性不同（表 9.1）。

表 9.1　常规 RT-PCR 和实时 RT-PCR 引物和探针的序列和杂交位置

引物识别	位置	序列（5'-3'）	参考文献
常规 RT-PCR（*N* 基因）			
NP3	1 232～1 255	TCTCGGAAATCGCCTCACAGACTG	Couacy-Hymann 等（2002）
NP4	1 530～1 556	TCAGCCGATCTTTGAGCCTCACGAG	
Probe SP3	1 292～1 316	CAGGCGCAGGTCTCCTTCCTCCAGC	
常规 RT-PCR（*F* 基因）			
F1（F）	777～801	ATCACAGTGTTAAAGCCTGTAGAGG	Forsyth 和 Barrett （1995）
F2（R）	1 124～1 148	GAGACTGAGTTTGTGACCTACAAGC	
实时 RT-PCR（*N* 基因）			
PPR_Np_F298	405～428	CGCCTTGTTGAGGTAGTTCAAAGT	Polci（2013）
PPR_Np_R366	455～473	ATCAGCACCACGTGATGCA	
Probe	438～453	6FAM-CAGTCCGGGGTTGACCT-MGBNFQ	
NPPRf	1 438～1 461	GAGTCTAGTCAAAACCCTCGTGAG	Kwiatek 等 （2010）
NPPRr	1 516～1 534	TCTCCCTCCTCCTGGTCCTC	
Probe NPPRp	1 472～1 495	FA M-CGGCTGAGGCACTCTTCAGGCTGC-BHQ1	
LAMP-PCR			
N 基因位置			
F3 上游外部	191～209	19-mer ACATCAACGGGTCAAAGCT	Li 等（2010）
B3 反向外部	398～417	20-mer ACTCGAGGGTCCTTCAGTTG	
FIP 内部上游	（F1C+TT TT+F2）		
F2	213～231	44-mer；F1C，21-mer；F2，19-mer CCGCTGTATCAATTGCCCGGG-TTTT-CGGCGTGATGATCAGCATG	
BIP	反向内部（B1C+TTTT+B2）B1C，296～317；B2，358～377	46-mer；B1C，22-mer；B2，20-mer GCATCCGCCTTGTTGAGGTAGT-TTTT-TTGTCCAAATCAGCACCACG	

9.5.5 常规 RT-PCR

聚合酶链反应已被广泛运用于动物疫病的诊断检测。这项技术利用 DNA 互补链的引物延伸完成试管内特异 DNA 序列的扩增。20 世纪 90 年代这种技术开始运用于 PPRV 基因组检测。PPRV 是 RNA 病毒，必须先进行逆转录反应（RT）合成 PCR 扩增所需的 cDNA（图 9.2 和图 9.3）。

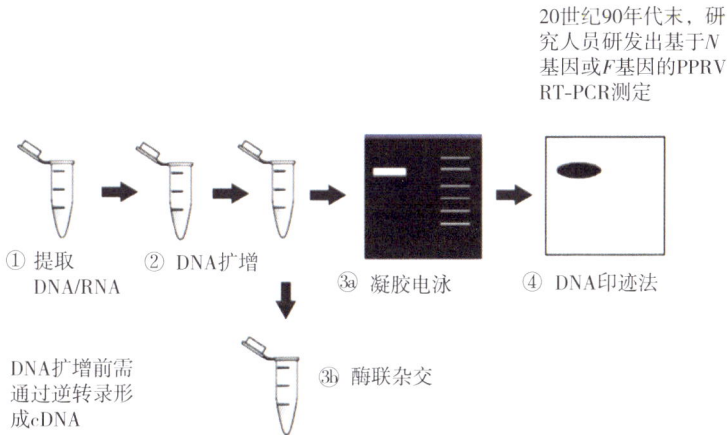

20世纪90年代末，研究人员研发出基于 N 基因或 F 基因的PPRV RT-PCR测定

① 提取 DNA/RNA ② DNA扩增 ③a 凝胶电泳 ④ DNA印迹法

DNA扩增前需通过逆转录形成cDNA ③b 酶联杂交

图 9.2 常规 RT-PCR 原理

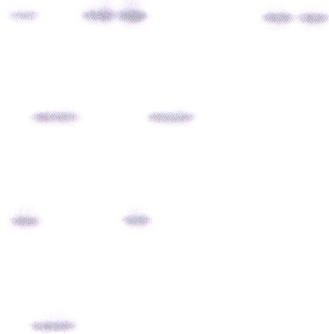

图 9.3 常规 PCR 产品从凝胶转移到尼龙膜上。通过 DNA 印迹，并以标记了地高辛的内部寡核苷酸为探针 （Couacy-Hymann 等，2005）

PPRV 常规 PCR 方法有 2 种。一是基于 N 基因的扩增，N 蛋白是 PPRV 的内部蛋白，是所有病毒蛋白中表达量最高的（Couacy-Hymann 等，1993，2002）。另一种是基于 F 基因的扩增，F 蛋白是病毒的表面糖蛋白（Forsyth 和 Barrett，1995）。无论哪种技术，都需要提取基因组物质。2 种技术相似，都可用于检测 PPRV 基因组。对于 N 基因来说，通过对多株病毒（包括田间毒株和疫苗株）的比较发现，针对 N 基因后半段设计引物比较理想。由于 RNA 病毒容易发生变异（Steinhaurer 等，1989），因此，在进行常规诊断时，建议对不同来源的毒株序列比较后设计引物。表 9.1 中，RT-PCR 的引物是 NP3、NP4，扩增产物长度为 351bp。用地高辛标记内部序列寡聚核苷酸作为探针。

另一种替代方法无须提取基因组核酸，即样品直接进行 PCR 扩增（Michaud 等，2007）。PCR 扩增产物的长度能满足后续测序和系统发育分析要求。在 PPR 流行地区常规 PCR 方法广泛应用于 PPRV 的实验室检测。该方法结合特异性探针杂交后，特异性和敏感性更高。

9.5.6 实时荧光定量 RT-PCR

近些年，实时荧光定量 PCR 检测技术快速发展，广泛应用于小反刍兽疫等多种动物疫病的实验室检测。与基于琼脂糖凝胶的传统 PCR 相比，实时荧光定量 PCR 检测技术通过标记引物提高了检测的特异性（Buston 等，2005）。在检测过程中通过收集嵌入染料、荧光团标记的引物或特异序列探针产生的荧光信号来确定目标序列（图 9.4）。通过扩增产生荧光所需的扩增循环数以及 PCR 指数期开始时的荧光值，即荧光临界值（循环阈值，Ct）对目标基因进行定量。循环阈值是达到阈值所需的周期数。与传统的 PCR 在扩增平台期进行检测不同，实时荧光检测的 Ct 值与靶序列的原始数量密切相关。实时荧光 PCR 技术因为其具有高的灵敏度和特异性、低污染风险和检测时间短等优点，广泛应用于多种疫病的诊断（Hoffmann 等，2009）。

实时定量 PCR 有很几种，其中荧光标记寡聚核苷酸探针的应用最广泛，特别是 TaqMan 探针（5'末端核酸外切酶）体系（图 9.4 和图

9.5)。很多研究报道了检测 PPRV 的 TaqMan 实时荧光定量 PCR 方法（Bao 等，2008；Wang 等，2009；Kwiatek 等，2010；Batten 等，2011；Polci 等，2013）。实时荧光定量 RT-PCR 方法在检测低病毒 RNA 载量时比常规 PCR 更灵敏。此外，实时荧光定量 PCR 能够对靶基因定量，这对疫病的诊断和病原的功能研究也非常有用。

由于发展中国家大多数实验室都没有细胞培养设施，很难进行病毒分离鉴定，因此，这些核酸检测技术是 PPR 流行地区进行疫病监测的有力手段。以上 2 种 PCR 技术都能检测 4 个谱系的 PPRV。但是，该方法在非洲等发展中国家应用很少，主要是因为缺乏设备和 TaqMan 探针等检测试剂成本过高等原因。

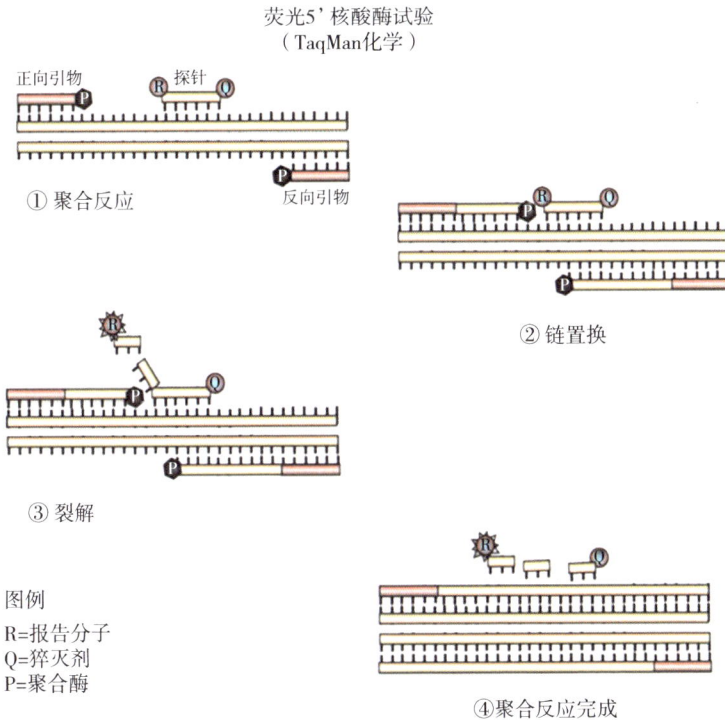

图 9.4 使用 TaqMan 探针的实时荧光定量 PCR 原理（Libeau，Cirad-France）

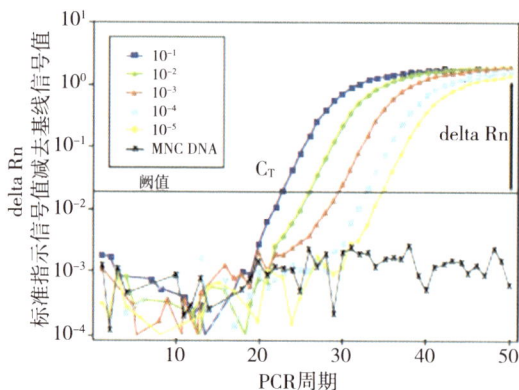

图 9.5　阈值以上的检测结果和曲线的解读

9.5.7　内参系统的目的

使用内参（IC）是对 RT-PCR 进行质量控制的重要手段。使用内参的目的是保证在检测过程中能有效地提取到病毒的 RNA 以及样本中不存在 PCR 抑制剂，避免出现假阴性结果。同步扩增内参可以确保结果的可靠性，还可验证阴性结果。

9.5.8　两类内参系统

内源基因：检测样本中的天然基因。这些基因应具有稳定、不依赖于基础细胞周期的表达水平，表达水平与细胞周期以及细胞是否活化无关。

符合这些标准的基因被称为看家基因，包括甘油醛-3-磷酸盐（GADPH）、β-肌动蛋白、18S 核糖体 RNA、谷氨酸脱羧酶（GAD）和β2-微球蛋白。

外源基因：这类内参的设计包含一段异源靶序列或完整的异源病毒基因组，这些序列与被检测序列无关。外源基因内参在提取 RNA 或扩增前添加到每个测试样本中。基于内参的特定设计，需要在反应中增加针对性引物。

两类内参系统都已用于 PPRV 的 PCR 检测过程（Polci 等，2013）。

9.5.9 多重 RT-PCR

多重 PCR 技术是在单个 PCR 管中利用多重引物在一个反应体系中完成对多个模板的扩增。该方法可用于检测多个病原体的混合感染。和常规 PCR 相比，实时荧光 PCR 更适合建立多重体系，每对引物可以使用不同颜色荧光团进行标记。多重 PCR 技术成本效益高，一个反应解答多个诊断问题。但由于引物间可能会相互竞争，因此，设计引物有难度（Hoffmann 等，2009；Pestana 等，2010）。

目前已经建立了双重实时荧光 PCR 和多重实时荧光 PCR（George 等，2006；Yeh 等，2011）等 PPRV 的多重检测系统。对 PPRV 的诊断检测主要基于对 N、M 或 F 基因的特异性扩增。但多数实验室在检测 PPR 以及其他黏膜性疫病时并没有采用这种方法，相反多使用单一的实时荧光 PCR 检测方法。

9.5.10 环介导逆转录等温扩增试验(RT-LAMP-PCR)

LAMP-PCR 是一种新型 PCR 技术，在等温条件下扩增微量 DNA，用时不到 1h。这种检测方法简单，容易操作，用 Bst DNA 聚合酶，对 4 条特异性引物进行扩增，检测只需实验室常规的加热或水浴设备就可进行（Notomi 等，2000）。只要将逆转录酶加入反应混合物中就能使 RNA 分子扩增；恒温下，一个步骤就可同时完成逆转录和 DNA 扩增（Li 等，2009，2010）。

LAMP-PCR 是取代热 DNA 扩增，成本效益更高的技术。肉眼可以观测到 DNA 产物是否得到扩增（颜色改变）（图 9.6）。LAMP-PCR 的另一个优势是可以进行现场快速诊断。目前已建立了检测 PPRV 的 M 基因（Li 等，2010）和 N 基因（Wei，未发表的数据）的 LAMP-PCR 方法。LAMP-PCR 检测方法的可靠性还需大量田间样本验证。LAMP-PCR 检测结果可肉眼观察（图 9.6）。这项技术的低成本和现场快速检测等优点使其有望在发展中国家推广应用。这种检测方法能够检测各谱系病毒，但需要通过测序来确定谱系。

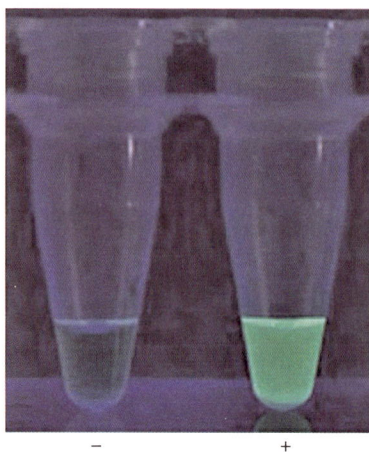

PPR环介导等温扩增技术；疫苗c-DNA；3倍稀释

图9.6 LAMP-PCR 结果。试管内 RT-LAMP-PCR 产物分析。荧光检测介质加入试管时，阳性反应变为绿色，阴性依旧保持橙色（Li 等，2010）

9.6 结论

快速准确检测是有效控制疫病，阻止其扩散以及建立适当的控制措施的前提。目前 PPRV 基因组检测技术的发展为实现这一目标提供了可能。但准确有效检测的前提是有质量好的样本。

20 世纪 90 年代以来，除常规诊断技术外，很多诊断技术得以改进。这些新技术为更好地保证食品安全，减轻疫病流行区的贫困状态发挥作用。这些新技术敏感性更强，特异性更高，成本效益也更好。大部分新技术已经应用到 PPRV 的诊断中。用常规测序和深度测序等多种方式进一步对 PCR 的特异性扩增产物进行分析，分析结果可用于疫病的分子流行病学系统发育分析。

这些方法能检测各谱系 PPRV。此外，LAMP-PCR 等检测技术不需要复杂的设备，降低了成本，并且还能用于现场检测。多重 PCR 和微阵技术为动物疫病诊断开拓了新方向。这些技术能在单一的反应中靶向若干个病原体，缩短了检测时间，减少交叉污染，提高疫病早期反应能力。

近年来，有些国家同时流行多个谱系的 PPR。此外，PPR 是相对的新兴疫病，在疫病流行过程中，某个谱系毒株可能压倒其他谱系毒株，占据主导地位。因此，同时检测和区分所有 4 个谱系的诊断方法非常必要。已经有开发这些技术的报道，但还没有成熟的技术发表。

第十章　PPRV引起的宿主免疫反应

Gourapura J.Renukaradhya,
Melkote S.Shaila

　　摘要： 麻疹病毒属病毒感染的宿主免疫应答与宿主的天然免疫系统及获得性免疫系统相关。目前对 PPRV 的天然免疫应答的研究不多，有一些研究报道了 PPRV 野毒株感染和疫苗免疫引起的适应性免疫应答反应。麻疹病毒等其他麻疹病毒属病毒的细胞和分子方面的相关研究进展揭示了宿主天然免疫系统中的分子功能以及体液免疫和细胞免疫的免疫机制。本章主要介绍 PPRV 自然感染或接种疫苗后，绵羊/山羊的体液和细胞介导的免疫应答。本章还会介绍麻疹病毒属病毒（包括 PPRV）感染引起的免疫抑制。

10.1　引言

　　PPR 也称羊瘟，是由副黏病毒科麻疹病毒属成员 PPRV 引起的山羊和绵羊发生的急性、高度传染性病毒病（Rowland 等，1969，1971）。该病主要在西非、中非、中东和南亚等地流行（Nanda 等，1996；Shaila 等，1996）。近年，PPR 还蔓延到了中亚和中国（Kwiatek 等，2007；Wang 等，2009）。目前对麻疹病毒属病毒在宿主体内诱导保护性免疫应答的机制及其干扰宿主免疫应答的了解多数来源于对麻疹病毒的研究成果，部分来源于对犬瘟热病毒以及牛瘟病毒的相关研究。PPR 相关研究非常有限，有 PPRV 的 HN 蛋白诱导的免疫应答的部分研究报道，F 蛋白诱导的免疫应答的研究报道更少。本章回顾了在自然感染以及接种不同类型疫苗后，病毒在宿主体内诱导的免疫反应。同时，综述了麻疹病毒属病毒感染在宿主或细胞中引起的免疫抑制。

10. 2　自然感染的免疫反应

麻疹病毒属是副黏病毒科的一个分支，能够引起人类和动物感染，表现高发病率和高死亡率。麻疹病毒属的主要成员包括感染人的麻疹病毒（MV），感染大型反刍动物的牛瘟病毒（RPV），感染小反刍动物的小反刍兽疫病毒（PPRV），感染犬类的犬瘟热病毒（CDV）以及其他一些感染海洋哺乳动物的病毒（Barrett，1999）。病毒有 2 个表面糖蛋白，H 蛋白和 F 蛋白，分别负责病毒黏附和细胞融合。其他结构蛋白还有包裹病毒 RNA 的 N 蛋白和依附细胞内膜的 M 蛋白。RNA 聚合酶 L 和 P 蛋白同 N 蛋白一起形成病毒的核衣壳（详见第二章）。有研究详细报道了 PPRV 等麻疹病毒属病毒在自然感染过程中的免疫反应。

10. 2. 1　体液免疫的作用

体液免疫反应对犬瘟热和海豹瘟热病毒感染的结局很重要（Cosby 等，1983；Rima 等，1990）。Lund 等（2000）研究发现，感染牛瘟病毒强毒株的动物不能产生抗体反应，暗示了疫病的严重性。对麻疹病毒研究显示，棉鼠在有被动免疫抗体存在的情况下，疫苗诱导的免疫和抗攻击能力受到抑制（Schlereth 等，2003）。仓鼠母源抗体能减轻犬瘟热病毒感染引起的急性脑炎（Cosby 等，1983）。在感染牛瘟病毒和 PPRV 的母畜所生的牛、羊的血清中检测到低水平的母源抗体（Ata 等，1989；Libeau 等，1992）。

10.2.2　细胞免疫的作用

尽管没有细胞介导的免疫反应有助于自然感染牛瘟病毒的牛恢复的直接证据，细胞介导的免疫反应对疫苗接种的攻毒保护性非常重要。Yamanouchi 等（1974）研究发现，全身 X 线照射加剧了牛瘟病毒感染后的临床症状，导致死亡率增加，这表明骨髓细胞在牛瘟病毒感染康复中的重要作用。尽管在 PPRV 和犬瘟热病毒的研究中还没有明确细胞免疫和体液免疫的重要作用，但在麻疹病毒感染动物模型中已经得到了验证。恒河猴感染麻疹病毒后，细胞毒性 T 淋巴细胞（CTL）应答起到的保护作用要远大于 B 淋巴细胞（Permar 等，2004）。

10.2.3　麻疹病毒属病毒的保护性抗原

犬瘟热病毒、麻疹病毒、牛瘟病毒和小反刍兽疫病毒的表面糖蛋白都具有保护性抗原特性。用牛痘病毒或金丝雀病毒表达犬瘟热病毒的 H 蛋白和 F 蛋白，免疫犬，犬表现出很好的免疫效应（Pardo 等，1997），免疫后血清转阳并且血清抗体滴度与接种改良活病毒疫苗的滴度相当。攻毒试验中，有观察到接种疫苗犬的发病和死亡，对照组犬发病率为 100%，死亡率为 86%。类似的，接种犬瘟热疫苗的雪貂在攻毒试验中也能存活，并且没有产生病毒血症。但接种弱毒活病毒疫苗的雪貂，会出现体重减轻、淋巴细胞减少症和犬瘟热典型的红斑疹（Stephensen 等，1997）。这些数据显示，雪貂是评估犬瘟热疫苗效果的理想实验模型，因为犬瘟热病毒感染雪貂的临床发病进程和发病机理与其他麻疹病毒属病毒，包括麻疹病毒十分类似。麻疹病毒中的 F 蛋白有助于产生保护性免疫（Malvoisin 和 Wild，1990）。表达麻疹病毒 F 蛋白的重组痘病毒疫苗免疫鼠，产生的抗 F 蛋白单克隆抗体能中和病毒感染，对脑内攻毒鼠产生保护效应。表达 F 蛋白和 H 蛋白的重组牛痘病毒能保护牛抵抗牛痘感染（Giavedoni 等，1991）。接种疫苗的牛能 100% 抵抗 1 000 倍致命剂量牛瘟病毒的攻击。并且，接种重组牛痘病毒不会接触传染其他动物。

有研究表明，麻疹病毒属病毒之间存在交叉保护，如表达 H 蛋白和

F 蛋白的重组牛瘟疫苗对 PPRV 产生交叉保护（Romero 等，1995）。麻疹病毒和牛瘟病毒的重组疫苗均可在短期试验中保护雪貂和犬抵抗犬瘟热强毒感染（Jones 等，1997；Taylor 等，1991）。表达牛瘟病毒 H 蛋白（Romero 等，1994a）和 F 蛋白（Romero 等，1994b）的重组羊痘病毒能保护牛抵抗牛瘟病毒感染，同时能激发足够的 B 细胞和 T 细胞应答反应保护山羊抵抗 PPRV 感染（Romero 等，1995）。表达 H 蛋白的重组羊痘病毒能使山羊产生高滴度的针对 RPV 的抗体，而重组 F 蛋白则不能（Romero 等，1995）。重组山羊痘疫苗能诱导产生高水平的中和抗体，保护免疫牛抵抗致死剂量攻击，不表现临床症状。使用类似牛瘟疫苗进行免疫，在低剂量下也同样能达到保护效果（Romero 等，1994a）。

10.2.4　接种疫苗后的免疫反应

10.2.4.1　减毒活疫苗

从 PPRV 和山羊痘病毒双价疫苗的血清转阳和攻毒试验结果来看，该疫苗很安全，而且能对山羊形成免疫保护（Hosamani 等，2006）。同样，绵羊痘病毒和 PPRV 的联合疫苗也能预防这 2 种病毒的感染（Chaudhary 等，2009）。

10.2.4.2　复制性重组疫苗

羊痘病毒对宿主高度特异，宿主仅局限于牛和小反刍兽。表达 PPRV-F 蛋白的重组羊痘病毒（rCPV）免疫山羊，能抵抗 0.1 pfu 剂量的 PPRV 和羊痘病毒的攻毒感染（Berhe 等，2003）。表达 PPRV-H 蛋白和 PPRV-F 蛋白的重组羊痘病毒分别 1 个剂量免疫山羊和绵羊，结果显示只有 rCPV-PPRV-HN 能中和抗体，rCPV-PPRV-F 则不能（Chen 等，2010）。表达牛瘟病毒 H 蛋白和 F 蛋白的双价重组疫苗免疫山羊能抵抗 PPRV 攻毒，但不能产生中和抗体，这说明细胞介导的免疫反应在清除 PPRV 上发挥了重要作用（Jones 等，1993）。F 蛋白和细胞介导的免疫反应密切相关。

也有用犬腺病毒 2 型载体构建的表达 PPRV-HN 蛋白的重组疫苗（rCAV-2）（Qin 等，2012）。rCAV-2-PPRV-H 疫苗通过肌内注射途径

（非口腔或鼻内途径）接种，能激发高水平病毒中和抗体。免疫后至少在7个月内都能检测到中和抗体，并且还能诱导细胞水平的免疫应答。表达PPRV-F蛋白和PPRV-H蛋白的嵌合疫苗在攻毒试验中能产生保护性免疫应答，但拯救的病毒在组织培养中生长非常缓慢（Das等，2000）。在PPRV-F蛋白和PPRV-H蛋白嵌合疫苗中插入同源M蛋白可以改善生长缓慢的问题（Mahapatra等，2006）。

10.2.4.3　非复制亚单位疫苗

用免疫亲和层析方法从PPRV感染的Vero细胞中纯化HN蛋白和F蛋白，用纯化的蛋白免疫兔能够产生中和抗体，并且能够抵抗病毒攻击。PPRV-HN蛋白比PPRV-F蛋白有更好的保护力（Devireddy等，1998）。PPRV-HN蛋白在转基因花生（*Arachis hypogaea* L.）中也能以生物活性形式表达。提取的PPRV-HN蛋白口服途径免疫绵羊，接种后引起病毒中和抗体反应，并且在不使用佐剂的情况下引起细胞介导的免疫反应。免疫后第5周，产生大量病毒中和抗体。这些结果令人鼓舞，说明重组亚单位口服疫苗有望成为根除PPR的DIVA疫苗。但目前还没有关于表达的HN蛋白是否能够保护动物免受致病性强毒株感染的研究。

麻疹病毒F蛋白的优势免疫表位区域（p32；氨基酸388~402）和副黏病毒科病毒F蛋白高度保守的富含半胱氨酸的区域类似。p32肽的表位作图表明，完整的15个氨基酸序列对于与抗麻疹病毒抗体的高亲和力相互作用是必需的。用p32肽免疫鼠能产生抗肽抗体，体外可以中和麻疹病毒感染。此外，产生的抗体能保护易感鼠抵抗啮齿类动物适应的麻疹病毒感染引起的脑炎。这些结果表明，麻疹病毒F蛋白的p32肽可用于研究麻疹病毒候选疫苗（Atabani等，1997）。推测PPRV等其他麻疹病毒也有类似功能区域，但需要进一步研究验证。

10.3　PPRV结构蛋白上的B细胞和T细胞表位的鉴定

PPRV病毒感染的第一步是HN蛋白与其宿主细胞上的同源受体结

合。HN 蛋白作为主要抗原能够刺激宿主产生保护性免疫应答（Berhe 等，2003；Das 等，2000；Sinnathamby 等，2001）。PPRV 和其他麻疹病毒属病毒不同，其 H 蛋白不仅具有血凝素活性（Ramachandran 等，1995），还具有神经氨酸酶活性，称为血凝素-神经氨酸酶（HN）。瞬时表达的 PPRV-HN 蛋白具有吸附红细胞和神经氨酸酶活性（Seth 和 Shaila，2001）。神经氨酸酶活性在其他麻疹病毒属病毒中并不常见。

10.3.1 PPRV- HN 蛋白上的 B 细胞表位

用 4 种不同的单克隆抗体对重组杆状病毒表达的 HN 蛋白进行表位定位，确定了 HN 蛋白上具有中和活性的 B 细胞表位区。利用大肠杆菌中表达的 PPRV-HN 蛋白和牛瘟病毒的 H 蛋白以及哺乳动物细胞中瞬时表达的 PPRV-HN 蛋白的缺失突变体进行表位定位（Renukaradhya 等，2002）。HN 蛋白上的 2 个不连续区域，263～368 位和 538～609 位与 4 个单克隆抗体相互作用，这表明该表位具有构象性。利用 PPRV 免疫羊血清样本进行竞争 ELISA 分析，显示 3 个单克隆抗体的结合区域是免疫优势区。4 种单克隆抗体在体外均能中和病毒。

10.3.2 PPRV-HN 蛋白和 N 蛋白的 T 细胞表位

用纯化的重组杆状病毒表达的 PPRV-HN 低剂量免疫山羊，可同时引起体液免疫和细胞免疫。免疫羊产生的抗体在体外能中和 PPRV 和牛瘟病毒。用大肠杆菌表达不同缺失突变的 PPRV 的 HN 蛋白和牛瘟病毒的 H 蛋白以及麻疹病毒的 H 蛋白的 N 末端高度保守区合成的多肽，已绘制了 N 末端 T 细胞表位图（可能是 Th 表位），位于 N 端 123～137 位氨基酸区域。另外，研究还发现 C 末端的 242～609 位氨基酸是潜在 T 细胞表位。PPRV 的 HN 和牛瘟病毒的 H 保守区有 CTL 特异性表位。使用表达牛瘟病毒 H 蛋白的重组杆状病毒（rECV）和自体皮肤成纤维细胞瞬时表达截短的 H 蛋白和 HN 蛋白，免疫接种牛，发现 407～416 位氨基酸的保守区域是 CTL 的潜在表位（Sinnathamby 等，2004）（图 10.1）。

麻疹病毒和犬瘟热病毒的 N 蛋白能诱导强烈的细胞免疫，建立保护性免疫（Cherpillod 等，2000；Hickman 等，1997）。在自然感染和疫苗免疫中，最常见的 T 细胞表位位于 N 蛋白的 C 端。通过对免疫的和自然感染的受体进行多肽反应分析发现，在自然感染中，221～240 和 237～256 的 2 个表位 100％能产生 T 细胞免疫反应，但在疫苗免疫中，只有 37.5％的产生 T 细胞免疫反应。因此，推测识别麻疹病毒 N 蛋白的特异 T 细胞受体构成了病毒特异性记忆细胞的主要部分（Hickman 等，1997）。大肠杆菌表达 N 蛋白，在 RRPV 和 RPV 的 281～289 位也识别到与麻疹病毒一样的高度保守的特异性 CTL 表位（Mitra-Kaushik 等，2001）。这个序列在麻疹病毒属病毒的 N 蛋白中很保守，非常符合一些最常见的 BoLA CTL 抗原肽的算法。这个 CTL 表位在 PPRV 感染中能起到什么保护作用还有待研究。

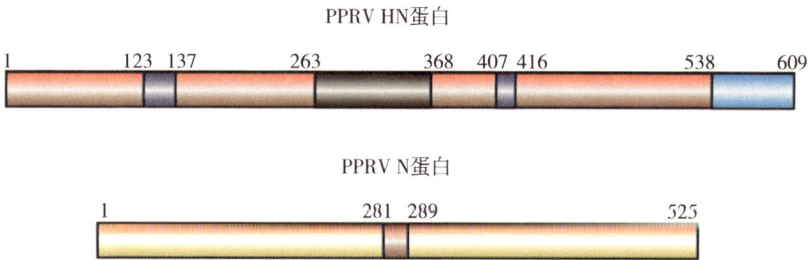

PPRV HN蛋白

PPRV N蛋白

PPRV-HN 和 PPRV-N 蛋白上的功能性 T 细胞和 B 细胞表位

病毒蛋白	表位	氨基酸范围	参考文献
PPRV-HN	Th 细胞	123～137	Sinnathamby 等（2001）
PPRV-HN（RPV-H 蛋白情况相同）	CTL	407～416	Sinnathamby 等（2001）
PPRV-HN	B 细胞 4 个表位	263～368 和 538～609	Renukaradhya 等（2002）
PPRV-N（RPV-N 蛋白情况相同）	CTL	281～289	Mitra-Kaushik 等（2001）

图 10.1　PPRV-HN 和 PPRV-N 蛋白上的功能性 T 细胞和 B 细胞表位。表格展示了被识别出的功能性 Th 细胞、CTL 和 B 细胞表位的氨基酸位置。PPRV 和 RPV 的 H 蛋白和 N 蛋白的表位位置相同。示意图显示了 PPRV-HN 和 PPRV-N 蛋白指示表位的位置

10.3.3　MV-F 蛋白上的保守表位有保护作用

研究人员发现麻疹病毒 F 蛋白的 388～402 位氨基酸是免疫优势区，也是副黏病毒科病毒的 F 蛋白典型的高度保守富含半胱氨酸区域。肽序列的表位作图显示，完整的 15 个氨基酸对于抗 MV 抗体的高亲和力结合是必需的。用肽（氨基酸 388～402 位）免疫鼠，产生的抗体能和麻疹病毒结合并中和其感染力。给易感鼠注射抗肽抗体能防止它们死于啮齿类麻疹病毒引起的脑炎。这些结果说明，这个表位（氨基酸 388～402 位）可作为 MV 疫苗的候选表位（Atabani 等，1997）。

麻疹病毒自然感染产生的免疫血清中，大部分中和抗体是针对 H 蛋白的，只有 10% 的中和抗体针对 F 蛋白（de Swart 等，2009）。用杆状病毒表达 PPRV-HN 蛋白和 F 蛋白的胞外域构建嵌合重组疫苗，免疫小鼠测试重组蛋白的免疫原性。重组蛋白是通过在家蚕昆虫核多角体病毒的囊膜蛋白 GP64 的氨基末端插入 F 蛋白和 H 蛋白序列，在强启动子（polh）下表达获得。免疫小鼠能产生高水平的中和抗体，说明 HN 蛋白和 F 蛋白表位区域能够刺激机体产生中和抗体（Rahman 等，2003）。

10.4　麻疹病毒属病毒引起的免疫抑制

麻疹病毒感染能引起自然宿主发生急性免疫抑制（Griffin 和 Bellini，1996）。麻疹病毒引起的免疫抑制改变了细胞介导的免疫反应（Borrow 和 Oldstone，1995）。麻疹病毒引起的免疫抑制不局限于自然感染，接种弱毒疫苗后也会出现（Hussey 等，1996）。犬瘟热病毒感染也能引起短期和长期的免疫抑制，导致继发感染（Krakowka 等，1980）。牛瘟病毒感染也会导致多个淋巴组织发生淋巴细胞减少症（Wohlsein 等，1995）。此外，牛接种弱毒活疫苗后，淋巴细胞对有丝分裂原刺激的增殖反应降低（Lund 等，2000）。PPRV 会引起肺部感染，并继发细菌感染（Lefevre 和 Diallo，1990）。PPRV 强毒株和弱毒株都能引起山羊发生明显的免疫抑制，表现白细胞减少症和淋巴细胞减少症，无论是针对特异性抗原还是非特异性抗原，抗体应答水平都降低（Rajak 等，2005）。疫病感染急性期引起的免疫抑制更严重，疫苗免疫引起的免疫抑制相比时间短暂，且不会产生严重的影响。

无论是在体内（Marie 等，2001）还是体外（Heaney 等，2002），麻疹病毒属病毒的蛋白质在病毒开始复制前，就已经开始抑制免疫应答。麻疹病毒、犬瘟热病毒和小反刍兽疫病毒的 N 蛋白能够引起 C57/BL/6 小鼠延迟型超敏反应和接触型超敏反应（Kerdiles 等，2006）。Kerdiles 等（2006）研究发现，PPRV 等麻疹病毒属病毒的 N 蛋白能和 FcγRⅡ受体相互作用。因为 FcR 发挥重要的免疫调节作用，在麻疹病毒属病毒感染中，N 蛋白很可能参与免疫抑制作用。Schlender 等（1996）研究发现患者外周血淋巴细胞在体外对有丝分裂原、同种异体抗原的反应能力明显降低。研究人员还认为 F 蛋白和 H 蛋白复合物在免疫抑制中也发挥作用。

10.5　结论

综上所述，本章叙述了 PPRV 自然感染以及复制型疫苗或者非复制型疫苗免疫产生的免疫应答反应，包括分离的或重组表达的保护性抗原。本章还讨论了体液和细胞介导免疫的保护作用。从已发表文献来看，有必要开发包含保护性抗原优势表位，既包含 B 细胞表位，也包括 T 细胞表位的有效候选疫苗。无论是病毒颗粒疫苗还是非复制型黏膜疫苗，都可以用作 DIVA 疫苗。

第十一章 小反刍兽疫疫苗

R.K.Singh，K.K.Rajak，D.Muthuchelvan，Ashey C.Banyard，Satya Parida

摘要： PPR感染山羊、绵羊以及野生小反刍动物发生急性、高度接触性传染病。使用弱毒疫苗免疫，可获得终身免疫力，因此，使用弱毒疫苗免疫是目前该病的主要控制手段。目前，使用的弱毒疫苗都是对PPRV野毒株进行连续培养、弱化获得。批准使用的疫苗毒株有PPRV/Nigeria/75、PPRV/Sungri/96、PPRV/Arasur/87和PPRV/Coimbatore/97。PPRV/Nigeria/75和PPRV/Sungri/96疫苗株已有商品化疫苗。这些疫苗非常有效，但需要冷链来保持疫苗效价。近年来研发的热稳定疫苗能有效解决热带和亚热带国家疫苗使用的冷链问题。尽管疫苗的热稳定性存在问题，但针对高风险地区的绵羊和山羊针对性接种仍是有效控制PPR的重要手段。

尽管有研究认为没有DIVA（区分自然感染动物和疫苗接种动物）疫苗，也能够根除PPR。但从根除牛瘟的经验来看，DIVA疫苗以及配套的诊断试剂有助于疫病的监测和防控。本章将讨论目前和未来可能的疫苗策略，并着重介绍新疫苗开发所需要素。

11.1 简介

历史上，人们发现异源的牛瘟疫苗（组织培养牛瘟疫苗——TCRP）

可以保护绵羊和山羊抵抗 PPR 之后，才开始研究和使用 PPR 同源疫苗
（Gibbs 等，1979）。PPRV 属于麻疹病毒属的独立病毒，和牛瘟病毒有亲
缘关系，因此，使用 TCRP 对小反刍动物免疫也有保护作用（Bourdin
等，1970；Dardiri 等，1976；Plowright 和 Ferris，1962）。有趣的是，山
羊接种 TCRP 后只能产生抗 RPV 中和抗体，而不能产生抗 PPRV 中和抗
体。但是，所有 TCRP 免疫动物都抵抗 PPRV 攻毒存活（Taylor，1979；
Taylor 和 Abegunde，1979）。弱毒疫苗能在动物体内短暂复制，TCRP
能保护小反刍动物免受 PPRV 感染。最初研究称免疫力能持续至少 1 年
（Taylor，1979），之后研究发现免疫力能持续更长的时间（Diallo 等，
2007）。TCRP 的交叉保护可能是由于 PPRV 和牛瘟病毒之间高度保守的
F 蛋白诱导产生中和抗体引起（Diallo 等，2007）。随着牛瘟根除计划的
推进，使用 TCRP 会干扰牛瘟根除过程中的血清学监测结果，因此，这
种异源疫苗被禁止用于小反刍动物（Anderson 和 McKay，1994）。此后，
人们迫切需要一种同源疫苗来控制 PPR。最早问世的同源弱毒疫苗是
PPR-Nigerian 分离株疫苗，该疫苗使用的是 I 系非洲分离株，即 PPRV/
Nigeria/75/1（Diallo 等，1989）。之后，印度利用 IV 系分离株研发了 3 种
PPR 疫苗（PPRV/Sungri/96，PPRV/Arasur/87，PPRV/Coimbatore/97
isolates）（Sreenivasa 等，2000；Palaniswamy，2005），巴基斯坦也使用
尼日利亚分离株（PPRV/Nigeria/75/1）研发了 PPR 疫苗（Asim 等，
2009）。PPRV 只有 1 个单一的血清型，这意味着每种疫苗都能应用在多
个地区，无论该地区流行的是哪个谱系的病毒，疫苗都能在动物群体中诱
导产生有效的免疫反应。

病毒的这个特点非常重要，在同时流行 3 个谱系病毒地区，使用 1 种
疫苗就可以预防 3 个谱系病毒的流行。在牛瘟根除运动中也具有非常重要
的意义，使病毒根除计划成为可能（Roeder，2011）。

11.2　PPRV 的培养制弱

麻疹病毒属病毒的疫苗研究始于牛瘟弱毒疫苗的尝试和制备。为了研

制疫苗，研究人员尝试了很多方法对病毒进行弱化，直到获得了组织培养传代适应株后，才成功制备弱毒活疫苗（Plowright 和 Ferris，1959a，b）。在成功制备了牛瘟和麻疹病毒疫苗后，研究人员开始尝试用这种方法制备 PPRV 同源弱毒疫苗。Gilbert 和 Monnier（1962）首次用绵羊肝脏细胞对 PPRV 进行培养制弱，可见的细胞病变表现为单层细胞融合形成合胞体。之后，Laurent 等（1968）研究了在不同细胞系统中 PPRV 感染产生的细胞病变，主要表现为细胞折光性增强、外形变圆和细胞脱落。用苏木精和伊红（HE）染色可见合胞体。之前，Plowright 和 Ferris（1959a）报道 RPV 感染牛肝脏细胞后，会出现这种多核体形态。PPRV 感染组织细胞，在感染初期就会出现合胞体细胞。Gilbert 和 Mornier（1962）在进行病毒弱化时，在 6 次传代后，病毒仍有很高的致病力，但传到 12 代后，只引起轻微的发热。尽管初步结果都显示了希望，但这些开发完全减毒 PPR 疫苗的尝试最终都失败了（Benazet，1973）。

11.3　常规弱毒疫苗

11.3.1　非洲 Nigeria/75/1 疫苗

Diallo 等（1989）将 Nigeria/75/1 分离株在 Vero 细胞上连续传代，最终成功获得了同源弱毒 PPR 疫苗。该疫苗的毒株来源是 PPRV 山羊分离株经绵羊肝细胞培养分离得到（Taylor 和 Abegunde，1979）。组织培养传代弱化过程显示，导致毒力真正衰减的突变可能在后期的传代水平上发生变化。事实上，初次传代时，感染后 4～6d 才能观察到合胞体，但随着继续传代，病毒在细胞的复制能力增强，在感染后的第 2 天就能够观察到合胞体。传代 20 代后，体外致病力大大减弱，而传代 55 代时，病毒只能引起动物轻微发热，在第 63 代时，病毒最终被完全弱化。非常重要的是，传代的疫苗在感染后 7d 就能产生中和抗体（Diallo 等，1989）。1989—1996 年间，使用该疫苗对 98 000 只绵羊和山羊进行了现场接种（Couacy-Hymann 等，1995）。疫苗对怀孕动物也非常安全，一次疫苗免疫就能产生坚实的免疫效果，免疫持续期可长达 3 年。小反刍兽免疫后也能够产生针对 RPV 的免疫保护，和使用 TCRP 疫苗免疫小反刍兽提供的免疫保护相似。

11.3.2　印度首个 PPR 疫苗(IVRI)

印度兽医研究所（Indian Veterinary Research institute，IVRI）利用 PPRV 山羊分离株（PPRV/Sungri/96）研发出了 PPR 弱毒疫苗。该毒株是 1996 年从喜马偕尔邦 Sungri 村分离到的。病毒最初在绒猴淋巴细胞株（B95a）连续体外培养了 9 代，之后在 Vero 细胞中传代 50 代，病毒被致弱（Sreenivasa 等，2000）。Sungri/96 疫苗进行了广泛的实验验证和田间验证，结果证明疫苗对小反刍兽是安全有效的。同时，还进行了针对不同传代毒株的致病性、免疫原性以及制备的热稳定性研究（Sarkar 等，2003）。第 59 代传代病毒是安全的，在小反刍动物体内传代 5 次后，没有恢复毒性（Sarkar 等，2003）。研究疫苗毒株引起的免疫调节作用发现，疫苗只是引起暂时性的淋巴细胞减少症，但这不会引起严重的免疫抑制（Rajak 等，2005）。疫苗对怀孕动物安全有效，能够产生坚实的免疫力（Sreenivasa 等，2000）。接种疫苗后，小反刍兽免疫持续时间超过 6 年，远远超过了其养殖经济寿命（Sreenivasa 等，2000）。印度的 PPR 疫苗（PPRV/Sungri/96）在田间大规模接种是安全的，可以在 IV 系病毒流行地区使用。

11.3.3　其他的印度疫苗(TANUVAS)

印度泰米尔纳德邦兽医和动物科学大学（TANUVAS）基于印度流行毒株开发了其他疫苗。这些疫苗使用的毒株是 PPRV/Arasur/87（强致病性绵羊分离株）和 PPRV/Coimbatore/97（山羊分离株）。这些疫苗毒株在 Vero 细胞中进行了 75 次传代。实验室及田间试验证实这 2 种疫苗已完全致弱（Palaniswamy，2005）。尽管疫苗种毒的病毒特性和背景不同（Singh 等，2010），但两者都非常有效（Saravanan 等，2010b）。这 2 种疫苗在印度南部地区应用于绵羊和山羊的免疫，有效地预防 PPR 感染。

11.4　在印度大范围使用 Sungri/96 疫苗的效果

印度不断有 PPR 疫情的报告，但有些地区因地理位置偏远，缺乏诊断试验及疫情报告体系不健全等原因，也存在疫情不能及时上报的情况。2002 年以后，随着诊断检测试剂推广应用（Singh 等，2004a，b），疫情报告体系建设加强，疫情报告数量大幅度增加。同样，2005 年，随着印度政府实施的动物疾病控制计划（ASCAD），推行大规模疫苗接种，疫情报告数量又大幅度减少（Singh，2011）。其他机构，如政府机构——班加罗尔邦（Bangaluru）和海德拉巴邦（Hyderabad）的动物卫生与兽医生物制品研究所（IAHVBs），以及私营企业也在疫苗的生产和供应中发挥了作用。

11.5　常规 PPR 疫苗在全球范围的使用

Sen 等（2010）综述了不同地区不同疫苗的使用情况。据此，PPR 疫苗中只有尼日利亚（PPRV/75/1）疫苗和印度（PPRV/Sungri/96）疫苗得到广泛应用。PPR Sungri/96 疫苗主要在印度使用，其他地区则主要使用 Nigerian PPRV/75/1 疫苗。重要的是，不论哪个地区，流行哪种谱系 PPRV，都可以用这 2 种疫苗进行免疫。在亚洲和非洲地区的应用也证明了不同谱系的疫苗都可以提供对其他谱系病毒的免疫保护。

11.6　PPR 热稳定疫苗的发展

对热稳定疫苗的需求并不是近几年才有的。在根除牛瘟的运动中，人们很快意识到疫苗在热带地区存在活力降低的问题（Plowright 等，1970，1971）。当冻干疫苗重悬后，疫苗病毒滴度的降低更加明显。这个问题一直以来都是 PPR 疫苗难以跨越的障碍。早期 TCRP 的研究数据可以直接应用到 PPR 疫苗研发上，一些牛瘟疫苗试验（Mariner 等，1990）简化了 PPR 耐热疫苗的开发过程。当然，冻干技术使疫苗在重悬前能长时间保持相对稳定的状态。目前的研究着眼于进一步延长 PPR 疫苗稳定状态。为了解决疫苗的不耐热问题，Nigeria/75/1PPR 疫苗使用海藻糖作为稳定剂。在冻干赋形剂中加入海藻糖可增加疫苗的稳定性，45℃环境中可以保持稳定性 14d，疫苗效力损失较小（Worrall 等，2000）。在印度还使用其他方法制备 PPR 热稳定疫苗。PPRV/Ind/Revati/2006（绵羊分离株）和 PPRV/Ind/Jhansi/2003（山羊分离株），在高温（40℃）和高浓度血清的条件下，在 Vero 细胞中培养传代，病毒在 50 代后被弱化。在 37℃和 40℃下进行疫苗稳定性评估，测定 2 种疫苗保质期分别为 7.62d 和 3.68d，而商用 Sungri/96 分离株疫苗在 37℃下的保质期仅为 1.58d。PPRV/Jhansi/2003 疫苗在加入稳定剂 E（海藻糖、氯化钙和氯化镁）后，4～25℃条件下，稳定性可达 48h。PPRV/Jhansi/2003 疫苗使用含有 NaCl 和 $MgSO_4$ 的稀释剂稀释，37℃条件下，疫苗效力能够持续 42h。同样操作，PPRV/Revati/2006 疫苗也能够在 4℃条件下，36h 内保持良好的稳定性，在 25～37℃条件下维持疫苗保护滴度 24h 以上（Riyesh 等，2011）。绵羊和山羊攻毒验证试验显示，这些疫苗可以提供完全保护。

11.7　使用重水增强热稳定性

通过用重水来重悬冻干疫苗的效果证实了氘能够增强 PPR 疫苗的热稳定性。在培养基中加入 20% 的氘化 D_2O（也称为重水），构建氘化疫苗。另外，也可以使用含有 1mol/L $MgCl_2$ 终浓度为 87% 的重水作为疫苗稀释剂。当使用氘化水（D_2O）和 $MgCl_2$ 溶液作为稀释剂时，氘化疫苗在 37℃和 40℃条件下维持 $10^{2.5}$ $TCID_{50}$/mL 以上的滴度长达 28d。相比之下，常规疫苗用标准稀释液稀释，在 37℃ 和 40℃ 的条件下，有效滴度只能维持 14d。有趣的是，不管哪种疫苗，使用重水-$MgCl_2$ 作为稀释液都比单独使用重水做稀释液效果更好。总之，疫苗制备时进行氘化，或者使用时用重水做稀释液，与传统方法制备和稀释疫苗相比，能够更好地保持疫苗滴度。

11.8 多联疫苗

多联疫苗能同时对多种病原体产生抵抗力，降低多次注射产生的成本。多联疫苗在人类医学领域使用广泛，特别是儿科疫苗（如百白破疫苗/麻疹、腮腺炎和风疹联苗）。很多研究人员都对牛瘟多联疫苗进行了实验室评估，如牛瘟和口蹄疫联苗（Kathuria 等，1976；Hedger 等，1986；Guillemin 等，1987）、炭疽/气肿疽联苗（Macadam，1964）。效果最好的是牛瘟和牛传染性胸膜肺炎（CBPP）联苗（Provost 等，1969）。近年来，多联疫苗在人类医学领域和兽医学领域发展迅猛。以下对 PPRV 多联疫苗的研发进行总结。

PPR 和羊痘联苗

PPR 和羊痘（包括绵羊痘和山羊痘）都是 OIE 规定必须上报的动物疫病。在疫病流行区域，这些疫病成为影响小反刍动物养殖稳定发展的重要因素（Perry 等，2002；Bhanuprakash 等，2006）。因为 PPR 和羊痘的流行病学分布非常相似，因此，这 2 种疫病的联苗的应用是非常合适的防控手段。近年已研发出基于 Vero 细胞的羊痘和 PPR 弱毒联苗（Hosamani 等，2006）。该疫苗是山羊痘 Uttarkashi 分离株 60 代传代株和 Sungri/96 60 代传代株的组合。该疫苗即使高剂量接种也很安全。在低剂量（100 $TCID_{50}$）接种时，也能产生攻毒保护力（Hosamani 等，2006）。由于羊痘疫苗有致畸风险，使该联苗的应用范围受限。为了克服这个问题，新的联合疫苗需进一步弱化羊痘疫苗，并且同时结合 PPRV

热稳定疫苗需求（Anon，2008）。试验显示这种新的联苗对怀孕动物很安全，进一步田间试验仍在进行中。

除 PPR 和山羊痘联苗外，还有研究开发类似的 PPR 和绵羊痘联苗。该联苗结合绵羊痘病毒罗马尼亚法纳尔分离株（RF）和 PPRV Sungri/96 毒株。每瓶疫苗中各种病毒的浓度为 10^3 TCID$_{50}$/mL。该疫苗已通过了安全性和免疫原性测试。接种疫苗的动物能产生强中和反应，对攻毒提供完全的保护。这表明联苗中各组分没有相互干扰，可以作为目标群体的疫苗经济接种策略（Chaudhary 等，2009）。目前该联苗正在进行大规模田间试验，以确定联苗产生的免疫持续时间是否达到养殖动物的经济寿命。

11.9　全球或区域性大规模接种计划的疫苗选择

尽管对 PPR 流行地区的分离株进行基因分型有一定困难，但从目前的数据看，Ⅰ系和Ⅳ系病毒是当前流行的主要病毒谱系。如前所述，每种疫苗对 PPR 所有谱系的毒株都有保护力，因此，疫苗在不同地区都是适用的。事实上，Nigerian 分离株疫苗作为首个被批准商品化的疫苗已在很多国家广泛使用（Diallo 等，1989）。现在很多商业疫苗公司都在销售这种疫苗，4 个谱系都有流行的地区也在使用这种疫苗。除此之外，从 2004年开始，印度广泛使用 Sungri/96 PPR 疫苗。这 2 种疫苗的使用大幅减少了疫病的暴发，还成功地阻止了 PPR 从坦桑尼亚向南部非洲易感群体传播，避免了出现人道主义危机（FAO，2010）。印度的 Sungri/96 疫苗最初只在印度兽医研究所（IVRI）以及卡纳塔克邦、孟加拉邦、马哈拉施特拉邦、哈里亚纳邦和安德拉邦的动物卫生与兽医生物制品研究所（IAHVBs）生产销售。疫苗是在"不盈利不亏损"的基础上生产和销售给印度的国家畜牧部门。海德拉巴邦的 M/S 印度疫苗有限公司也曾在 4～5 年间生产和出售疫苗。MSD 动保公司（即美国和加拿大的默克动保公司）启动了新型疫苗"OVILIS® PPR"计划（http：// www. merck-animal-health. com/news/2012-08-08-ovilis-ppr-launch. aspx，retrieved October 26，2013）。

越来越多的公司从印度兽医研究所获得了 PPR 疫苗的生产技术，并且有望在不远的将来生产出 PPR 疫苗。在印度发起的大规模 PPR 疫苗接种计划使更多的疫苗企业对小反刍兽疫疫苗产生兴趣，这些公司很可能会研制出更多的疫苗。另外 2 种疫苗 Arasur/87 和 Coim batore/97 还没有商品化。

除了有可用疫苗外，疫病流行地区的基础设施水平、不同地区的疫苗需求、疫苗采购和分发等也是影响小反刍动物群体免疫效果的关键因素。尽管 PPRV 只有 1 个血清型，但有学者提出有必要用流行地区分离出的同系同源毒株制备疫苗。

11.10　现有疫苗储备和未来疫苗

传统的 PPR 疫苗能有效地诱导绵羊和山羊的保护性免疫。但疫苗的热稳定问题仍等待解决。为了克服这个问题，目前正在研发新的制备方法。除此之外，正在研发的多价疫苗以及区分自然感染产生的免疫和接种疫苗产生的免疫的 DIVA 疫苗，也可以通过大规模接种有效控制 PPR。随着 PPR 疫苗的发展以及一系列诊断试验，包括 PPR sELISA（Singh 等，2004b）、单克隆抗体竞争 ELISA（PPR cELISA）（Singh 等，2004a）、RT-PCR（Forsyth 和 Barrett，1995；Couacy-Hymann 等，2002；Balamurugan 等，2006）、PCR-ELISA（Sarvanan 等，2004）、间接 ELISA（Balamurugan 等，2007）以及重组 PPRV 截短 N 蛋白抗原 ELISA（Yadav 等，2009）应用于疫病诊断和血清学监测，使一些国家的政府部门有信心启动 PPR 的根除计划。印度政府在Ⅺ计划期间启动了全国消除 PPR 计划，并延长到了Ⅻ计划。PPR 流行国家还应当研究和开发方便快捷的现场快速检测手段，同时还需高度重视疫苗和相关生物制品的生产和供应能力。

第十二章　为什么小反刍动物的健康如此重要——小反刍兽疫及其对贫困和经济的影响

N.C.de Haan，T.Kimani，J.Rushton，J.Lubroth

摘要： PPR 对小规模养殖户（small holders）和小反刍动物所有者会产生毁灭性打击，影响程度和范围取决于小反刍动物所在的生产系统以及发挥的作用。了解 PPR 带来的有形影响（如肉和奶）和无形影响（如保险）绝非易事，需要很多领域的专家参与。低估小反刍兽疫的破坏性会导致资金投入减少，疫病持续蔓延。为了大部分小养殖户（small ruminants）的生计问题，必须从多方面入手控制疫病。此外，还需要得到国际和国家层面的重视和政策支持，这样才能为疫病控制措施不断提供资金。

12.1　引言

PPR 是一种主要影响小反刍动物的病毒性传染病。发病率和死亡率为 10%～100%。如果病毒入侵没有免疫力的绵羊或山羊群，会造成毁灭性破坏。为了全面了解 PPR 给小养殖户的生计和国家经济带来的冲击，有必要重新审视山羊和绵羊在农业中的作用和重要性、它们提供的多种用途和服务以及在不同农业体系中的地位。还需从社会经济学的角度评估 PPR 及可行的干预措施。否则，可能会低估疫病的影响并采取不恰当的措施。大多数小反刍动物都生活在从西非的毛里塔尼亚一直到中亚高原地区的小农户系统中，因此，要从多个层面分析 PPR 带来的影响，并且实施多方位的针对性防控措施。在洲际贸易蓬勃发展的今天，中美洲和远东地区同样面临疫病传入的风险。

1942 年象牙海岸首次报告了 PPR（尽管它可能起源于中亚），但 PPR 可能已经对人们的生计造成了上百年的影响。直到近些年来，PPR 得到了更多的关注，原因有 2 个：第一，从全球来看，联合国千年发展目标将注意力集中在减少世界上最贫穷者的贫穷状态上。在贫困地区，山羊和家禽是主要的生计来源，饲养山羊和绵羊是积累财富的主要手段。因此，有必要保护饲养者的财产，加强 PPR 和其他疫病的防控。第二，国际和国内的兽医机构成功根除了威胁普通牛、水牛、牦牛等家养和野生大型反刍动物的牛瘟。2012 年，世界动物卫生组织（OIE）和联合国粮食及农业组织（FAO）宣布全球消灭了牛瘟，重振人们消灭动物疫病的信心。鉴于牛瘟和小反刍兽疫的相似性，小反刍兽疫被列为下一个可消灭的动物疫病。我们可以从消灭牛瘟中借鉴很多经验和教训，并最终消除小反刍兽疫。这些经验包括：区域性控制的作用，了解疫病的流行病学，有高效的疫苗及有效配送以及各国间的相互配合。当然，在最终的控制和根除策略中，还必须考虑两者的不同之处。

随着对根除 PPR 的关注度不断提升，越来越需要对该病的社会和经济影响进行评估。目前没有充分的数据和恰当的方法来评估 PPR 对社会和经济造成的影响。本章将阐述 PPR 对社会经济影响的评估现状、面临的问题，并提供一个如何收集 PPR 对社会经济影响的初步框架。

12.2　小反刍动物系统和各种潜在影响

尽管牛瘟和 PPR 都是由麻疹病毒属病毒引起的，且有很多经验可以借鉴，但还需明确两者间的差异。最明显的区别在于易感宿主不同，因此，疫病影响的农业系统也有所不同。牛瘟主要影响牛，而 PPR 主要影响小反刍动物。小反刍动物在传统自给农业中占重要地位，特别是在农田贫瘠和资源匮乏的地区。小反刍动物遍布在各种生产系统中。体型小带来的益处是便于流动，容易买卖，投资和管理成本低，小反刍动物成了各农业系统和农户谋生策略中的多面手。它们与农业生态和社会文化的相互作用也意味着它们能在不同的环境中担当不同的角色。

这个背景意味着小反刍动物饲养者几乎没有政治话语权，这反过来限制了这些养殖者利用公共资源来发展养殖的可能性。与普通牛或水牛的养殖以及奶制品产业相比，差异在此。如果希望 PPR 影响评估和相应的政策建议有实效，就必须考虑到这些差异。

12.3　小反刍兽疫的地理分布和风险区域

全球范围内，约有 18.4 亿只小反刍动物（2010 年 FAO 统计数据），其中绵羊约 10 亿只，山羊约 9 亿只。有近 1/2 的小反刍动物分布在亚洲。和牛不同，小反刍动物的分布更本地化，更集中（FAO，2007）。绵羊种群主要集中在近东、澳大利亚、英国以及巴西和乌拉圭南部，从西班牙到非洲西部再到印度西北部一带的绵羊养殖非常密集。其他绵羊养殖区还有非洲萨赫勒地区、南非、印度南部、中国中北部和蒙古。山羊养殖有很强的地域性。在同一个国家，山羊养殖的地域性也很明显。例如美国得克萨斯州南部、巴西东北部、土库曼斯坦东部、塔吉克斯坦和吉尔吉斯斯坦的西部与南部都是山羊密集养殖区。在非洲，山羊比绵羊更普遍更常见，印度和巴基斯坦也有大量的山羊种群（表 12.1）。

表 12.1　小反刍动物数量（数据来源：2012 年 FAO 统计数据）

	小反刍动物数量（只）	占比（%）
非洲	497 178 619.30	27
美洲	132 055 115.80	7
亚洲	885 715 551.80	48
大洋洲	153 190 195.20	8

（续）

	小反刍动物数量（只）	占比（％）
欧洲	172 484 255.60	9
合计	1 840 623 737.70	100*

＊注：数据处理原因使得此列数据计算总和为99％，但实际占比和应为100％。——译者注

12.4 小反刍动物产品和服务：粮食安全和消除贫困的基础

了解小反刍动物的不同功能、用途和产量可以帮助我们更好地理解PPR如何影响小反刍动物生产和农户生计。小反刍动物的产品及其用途可以归为有形产品和副产品、无形的效益和服务。有形产品又分为初级产品和副产品，饲养的小反刍动物为初级产品，副产品为主要产出。从表12.2可知，评估每项内容在数量和经济方面的损失都很困难。

表 12.2 小反刍动物的产品和服务

有形		无形
产品	副产品	收益
肉	粪便和肥料	储蓄
奶		平滑现金流
皮革	燃料和沼气	降低风险和经营多样化
		摆脱贫困的途径
纤维和羊毛		缓冲疫病带来的冲击，恢复生计的手段之一
	羊角	食品安全
	杂草控制	

12.5 产品和副产品是粮食安全的基石

肉和奶是小反刍动物小规模生产最常见的产品，且容易量化成货币价

值。其中肉类产品有生肉、熟肉、血和汤，奶与奶制品有鲜奶、酸奶、黄油、酥油和奶酪。产品的差异性会给量化和货币估值带来挑战。肉制品供应渠道又分为商业买卖和自家食用，这使评估难上加难。同样，奶与奶制品也面临同样的问题，大部分用于销售，剩下的供家庭食用，还有一部分用于喂养山羊和绵羊幼崽。因此，奶的产量很难用精确的数据来统计。文化和地域的差异使绵羊奶产量和山羊奶产量更加难以区分。基础设施和一体化水平等市场因素决定了农村交货价格和一级市场的价格，因此，评估初级产品—奶和肉的价值非常复杂。除此之外，还需决定用哪个市场级别的价格来评价。如果使用平均价格，还需考虑时间、空间、年龄段和品种因素的影响。Ørskov（2011）报告称，和牛奶相比，山羊奶通常有溢价收益。例如，在马来西亚，羊奶比牛奶贵6倍；在越南贵3倍；在肯尼亚人们认为对于艾滋病感染者/艾滋病患者来说，羊奶比牛奶更好。山羊奶和绵羊奶的营养价值都很高，山羊奶和人乳营养成分近似，含有4.5%脂肪，4.0%乳糖，蛋白质受营养状况、品种、哺乳期等影响，含量为3.0%～4.0%（Peacock，1996）。尽管人们认为羊奶价格更高的原因是因为羊奶产量低于牛奶，但山羊奶确实有其独特的品质。山羊奶易于消化，对患有乳糖不耐症的人群非常有益。另一个重要的方面是，哺乳期母羊也可以挤出少量的奶，且在严酷的环境下，依旧能产出营养价值很高的羊奶，而奶牛则没有这些优势。干旱季节，非洲之角地区的季节性放牧牧民赶着羊群寻找牧场，妇女和儿童则留守家中，一起留下的还有少部分羊只，留守成员靠这些羊的羊奶和羊血维持生活。此外，想要了解羊肉和羊奶的准确产量，还需要了解雌性和雄性青年羊、幼龄羊和成年羊的比例以及哺乳期雌性的比例等。

除奶制品和肉制品的直接和间接的消耗外，一些市场经济和货币经济欠发达地区还用牲畜来交换谷物。牲畜收入占家庭收入总额的4%～100%（占比由生产系统、养殖户的富裕程度和地理分布情况决定）。在肯尼亚的图尔卡纳，经济状况较好的家庭食物支出占整个家庭收入（全部依赖牲畜）的61%，这显示了牲畜在资金和粮食安全方面的支柱作用。

其他产品，如皮革和羊皮可用于加工鞋、容器、服装、床上用品和帐篷。在特定的农业系统中，纤维和羊毛也是非常重要的产品，如羊绒生产。在中国西部的甘肃省，羊绒是山羊饲养者的主要收入来源。在吉尔吉斯斯坦，由于缺乏高质量的羊毛，羊绒仍是仅次于售卖活畜的主要收入来源（LPP，2010）。无论是哪种农业系统，小反刍动物都有一系列的用途，从家庭内部的自身消费到市场交易或出售以获得收入。

小反刍动物的副产品很多。其中粪便非常重要，可以通过施肥循环丰富土壤中的营养物质，还可用作燃料和生产沼气，在一些水产养殖系统中还可用作鱼饲料。将牧场和农作物种植有机联系，也是小反刍动物生产的一个重要方面。小农户系统中，小反刍动物生产的另一个副产品是山羊和绵羊在杂草治理中发挥的作用。在斯里兰卡、马来西亚、印度尼西亚和菲律宾，山羊和绵羊被用于控制椰子树和油棕树下的杂草生长和进行植被管理（Devendra，1991）。因为它们能防止植被受到灌木侵入。当然这个角色也有争议，因为砍伐树木、过度放牧以及绵羊在草地上进食时啃食草根等原因，山羊和绵羊也被视为导致环境退化的原因（Peacock，1996）。但这些问题出在管理上，并不是动物本身的问题。众所周知，山羊是吃嫩叶的动物，那些叶子通常很小、很轻，与牛的饲养形成互补关系而非竞争关系（Lebbie，2004）。

PPR等一些动物疫病会对小反刍动物的产品和服务产生影响。了解小反刍动物的数量、分布、农业系统以及哪些动物会面临感染的危险，能让我们清楚地意识到PPR会给全球或是某个国家带来哪些潜在的社会经济问题。而了解小反刍动物的各种用途和产品将有助于我们认识到PPR会给小反刍动物产业和农户生计带来什么样的危机。虽然生产体系不同，小反刍动物的作用也不同，但全球98％的小反刍动物生产来自小型家庭养殖。

12.6　在消除贫困和粮食安全方面，小反刍动物的用途和益处

小反刍动物的用处和无形收益难以量化和估计，这和它们所在的环境有关，由它们所在的生产体系决定。但一些特有的作用和益处是了解小养殖户为什么选择饲养小反刍动物的关键因素。

常有人将小反刍动物形容成银行或储蓄账户。如果大多数山羊和绵羊用作肉类生产和销售，那么从本质上可以说是银行或财富积累的一种形式。农户更倾向于在需要花钱购买衣物和药品时，出售他们的小反刍动物，而不仅仅是等到适合出栏时。小反刍动物实际充当了农户的存款。农户可以用购买1头牛的资金，投资购买多只小反刍动物，即使死了1只，剩下的几只还可以继续繁育。这就是为什么Ørskov（2011）将山羊比作活期存款账户而将牛比作长期存款账户的原因。

更重要的是，小反刍动物能为冲击提供缓冲并建立自身恢复机制。换句话说，小反刍动物能定期向银行账户存入稳定的资金。因为小反刍动物的体型不大，所以出栏需要的时间不长，整体投资的风险也不大。此外，小反刍动物的出售相对容易且快速。与牛相比，小反刍动物的价值链更开放，内在壁垒更少，市场也更灵活。容易出售意味着家庭资金流动性好，周转快，能为脆弱的经济注入活力。养殖小反刍动物是滚动资金、积累财富的可行之策。山羊和绵羊种群内繁殖意味着不需要外部投入，也能继续维持其生产系统。

不论是游牧系统、农牧交错系统，还是综合性农业系统，山羊和绵羊都有规避风险和降低风险蔓延的作用。游牧系统和农牧交错系统会养殖各种牲畜，包括牛、骆驼、驴和小反刍动物，后者的占比最大，几乎每个农户都会饲养。在这些系统中，多样化是一种重要的生存策略（Ellis，2000），而小反刍动物能很好地支撑这一点。如果疫病或干旱等不利因素影响了作物收成，小反刍动物仍然能维持家庭运转并保证粮食安全。小反刍动物是这些系统中不可缺少的部分，它们能换成种子用于耕作，或在丰收时节支付劳务费，它们的粪肥还能使土地更加多产。因此，小反刍动物往往被视为将生产系统中各部分联系在一起的纽带。

应高度重视小反刍动物在食物安全方面起到的作用。小反刍动物能撑起食物安全的四大支柱，这四大支柱包括食物的生产（指食物供给）、食物的可获取性（指人们从物质上和经济上获得食物的能力）、食物供需的稳定性、确保随时都有充足的食物以及食物的品质（食品安全和营养健康）。小反刍动物能为家庭、市场定期持续供应奶、奶制品和肉类。在非洲之角的牧民系统，每个家庭每年生产和消费的家畜产品占日常需求（8 799kJ）的2%～63%（Save the Children 2007；Levine 和 Crosskey，2006）。

在非物质范畴，不能轻视山羊和绵羊对消除贫困或摆脱贫困的积极作用。牲畜是人们脱贫致富的关键要素（Kristjanson 等，2004；Peacock，2005；Randolph 等，2007；世界银行，2007）。农户可先小规模养殖小牲畜，待时机成熟后，可扩大养殖规模，增加养殖品种，实现可持续生产，维持生计，提升生活水平。阶梯式脱贫是指初期先投入资金养殖家禽，赚取足够的利润后，推进养殖小反刍动物，最后再养殖大型反刍动物或骆驼。小反刍动物也有助于财富积累，出售后，收入再用于其他生产活动，如购买驴用于运输，购买耕牛及产奶牛。

在农村地区，疾病和殡葬是拖垮一个家庭的两大因素（Kristjanson 等，2004）。如果用出售山羊和绵羊等小反刍动物的收入来填补这些费用，那么就可以减少支出，避免整个家庭陷入困境，甚至沦为贫困户。因此，在这些系统中，小反刍动物往往被视为生力军和保险投资。

社会文化问题往往被视为无形的，因此，在很大程度上人们忽视了小反刍动物产品对于饲养者或社会的重要性。Ejlertsen 等（2012）提出，在某些地区山羊和绵羊可用作礼物，在宗教仪式上它们还被视为嫁妆以及在葬礼上被视作重要的祭祀用品。近来有关冈比亚绵羊和山羊等养殖功能的研究显示，仪式和嫁妆用途排在繁育山羊和绵羊目的的第 2 位和第 3 位。根据财富状况不同，繁育的目的还有增加储蓄、收入和保障（Ejlertsen 等，2012）。拥有小反刍动物也被视作声望的象征（Devendra 和 Thomas，2002；Peacock，2000）。

要找出减缓贫穷状况的办法，还要了解小反刍动物的所有权问题。妇女和儿童容易拥有和照看山羊和绵羊。小反刍动物对养殖条件要求不高，在自家院落便可饲养。儿童在上学前或放学后可以负责放羊。妇女通常可以在照看羊群的同时，兼顾其他家务。这些动物都圈养在家中，也方便妇女看管（Ampaire 和 Rothschild，2011）。比起养殖大型牲畜，小型牲畜由于门槛低更容易投资。但由于妇女时间有限，养殖数量和规模会受到限制（Devendra，2007）。此外，也不能低估妇女和小反刍动物之间的其他联系，包括赋予女性权利和为妇女提供了安全感。由于妇女经常照看羊群，所以有权利支配劳动所得。有了小反刍动物作为财产，妇女们即使离婚，也能有生活保障。

换句话说，只要管理得当，小反刍动物等牲畜养殖能为人们提供食物和远离贫困提供保障。但要建模和量化每个畜种对家庭粮食保障和消除贫困的贡献，还有很长的路要走。

12.7 小反刍动物系统：和生产功能相关的影响幅度

山羊和绵羊能实现多种用途，只有将小反刍动物产业放到农业系统中、它们发挥的作用和价值链等这些更宏观的背景下，才能量化 PPR 等疫病造成的损失。换言之，不能仅靠预算农户的养殖量来推断损失对农户的生计造成了多大的影响。

12.8 以市场为导向的或以价值驱动的小反刍动物养殖户

在理解 PPR 是如何影响畜群之前，必须找出反刍动物饲养体系的目标和小反刍动物饲养者的期望。山羊和绵羊养殖产业规模不一，有以利润为导向的高度商业化养殖，也有为了满足多种用途而养少量山羊的家庭型养殖。这 2 种极端的养殖方式分别定义为以市场为导向的系统和以实现社会价值为目标的系统（Ørskov，2011）。养殖小反刍动物的目的决定了疫病影响和给养殖者带来的损失程度，同时也决定了养殖户会投入多少资金预防疫病。

12.9 小反刍动物生产系统

大多数畜牧生产系统都基于农业生态系统，既要考虑获得来自其他农业系统的资源，也要发挥自身潜力（Otte 和 Chilonda，2002）。结合这一原则，同时考虑小反刍动物对系统的依赖性，我们将对 Otte 和 Chilonda

(2002)、Peacock（2005）和 Devendra（2010）的分类进行重新阐述（表 12.3）。

表 12.3　小反刍动物不同的生产系统（改编自 Ørskov，2011）

	以市场为导向的系统	以社会价值为导向的系统
总体目标	利益最大化	风险最小化
	现金增值	家庭支持
	生产力	稳定性和可持续性
		收益平滑
目标	产量增加	多功能动物
	用途单一的动物	改善动物的生存能力
	遗传同质性	生物活力
小反刍兽疫的风险	较小	高
潜在影响	小	可变—高
疾病防治	投资预防疫病	降低影响
	投入驱动	有限的投入

12.9.1　牧场和牧民

牧场系统依赖牲畜维持生计，常见于中亚、南亚、马格里布和撒哈拉以南的非洲地区，散布在世界各地。表 12.4 显示，在肯尼亚，非常贫困和较贫困家庭的养殖数量是 2～35 只，而中等收入和小康家庭的养殖数量达到 24～100 只。山羊和绵羊通常是混合畜群的组成部分，它们是生产者的主要资产。羊群分属于不同的家庭，以便分散疫病传播的风险。在这种养殖模式下，首先考虑的是动物的数量，其次才是质量。通常情况下，孩子们负责放牧，而妇女则负责照料小型牲畜。游牧牲畜可以迁徙的距离也很远，例如，在印度的拉贾斯坦邦，规模达 2 000～3 000 只的山羊和绵羊每年可以长途跋涉约 1 800km，所到之处羊群可提供大量粪肥，作为交换，牧民可在牧场放牧（Devendra 和 Thomas，2002）。Peacock（2005）指出，在东非，特别是在肯尼亚的马赛和埃塞俄比亚的阿法尔，牧民倾向于在牛群中混养更多的小反刍动物，因为小反刍动物更便宜，繁殖更快，在发生疫病灾害时，能迅速补充种群数量。

这样的生产体系，PPR 传入带来的影响往往是毁灭性的，会引起收入和储蓄骤减（表 12.4）。

表 12.4　肯尼亚不同财富阶层所拥有的牲畜资产数量和畜牧生活区域

Save the Children（2007）；Levine 和 Crosskey（2006）

生活区域	牲畜资产数量	财富阶层			
		非常贫困	贫困	中等	较富裕
曼德和加里萨城郊	人口比例	21	27	29	23
	骆驼和牛（头）	—	—	—	—
	山羊和绵羊（只）	2	8	24	40
加里萨城区	人口比例	24	22	34	20
	骆驼和牛（头）	0	0	0	13
	山羊和绵羊（只）	0	0	0	0
瓦吉尔南部草原生活区域	人口比例	25	30	30	15
	骆驼和牛（头）	2	6	25	50
	山羊和绵羊（只）	8	18	32	75
加里萨河流域	人口比例	34	29	23	14
	骆驼和牛（头）	—	7	14	35
	山羊和绵羊（只）	14	25	44	100
图尔卡纳中央区域	人口比例	55		25	20
	骆驼和牛（头）	0	0	7	40
	山羊和绵羊（只）	20	35	60	100

12.9.2　混合农业

同牧民和牧场系统相比，混合农业中的养殖规模适度，但这样的体系却为全球提供了 46％的肉类和 88％的奶源（Smith 等，2013）。Ejlertsen 等（2012）报道，在非洲和亚洲，养殖 1～30 只山羊和养殖 1～80 只绵羊就算得上混合农业系统。但管理模式却存在差异。有的羊群白天在牧场放牧，傍晚才返回羊圈，而有的羊群只关在羊舍中育肥。农作物—牲畜的一体化在这些系统中非常重要，小反刍动物可以吃干草和农作物饲料，反之，又为农作物提供肥料。多元化也在这些系统中起到了积极的作用。即使某一农作物受到市场打压，农户仍然可以通过小反刍动物获利（用投资术语说就是分散风险）。农户养殖小反刍动物的数量不同，依赖程度不同决定了 PPR 给他们带来的影响也会不同。

12.9.3　商业系统

　　全球范围内，山羊和绵羊的商业养殖系统不多，主要分布在南非、澳大利亚和沿地中海盆地地区。商业化生产模式对满足羊毛和羊肉需求非常重要。由于山羊奶产能的扩大，山羊奶酪将具有巨大的市场潜力。如果疫病传入这些养殖系统中，将带来巨大的影响。在大多数情况下，为了防止PPR破坏整个生产系统，这些系统都会采取必要的防范和应对措施（生物安全性，包括训练有素的员工）。

12.9.4　城镇体系

　　城市的特点决定了在城市和城市周边饲养山羊和绵羊并非易事。然而，在发展中国家，能见到山羊在城镇觅食的场景。可以推断，由于动物之间接触机会少，易感动物难以接触到已感染的动物，PPR传染这些山羊的可能性很小。要了解PPR对这个体系中的山羊所造成的影响，需要更多的数据支持。

12.9.5　生产后价值链参与者

　　一般而言，小反刍动物的价值链较短。从事当地、国内、国际活畜、羊肉和羊奶贸易的经销商、加工商、批发商和零售商都依靠小反刍动物谋生。生产后价值链参与者的主要目的是创收。参与者的数量、贸易的体量和价值取决于地理位置、消费偏好、产量、市场基础设施以及生产和消费群体之间的联系。

12.10　小反刍动物生产和小反刍兽疫的未来

　　据预测，未来全球对羊肉的需求（包括山羊和绵羊）将增加

(Delgado 等，1999 b）。某些发展中国家的中产阶级不断壮大，这意味着人们将更多的收入花费在蛋白质消费上。预测显示，2000 年到 2030 年撒哈拉以南非洲地区的羊肉消费量将增加 137％。而低收入国家的羊肉消费量预计将增加 177％，仅次于家禽（Robinson 和 Pozzi，2011）。在非洲地区，需要增加区域间的贸易才能满足需求的增长，这意味着疫病蔓延风险增大，也意味着将有更多的人依赖于小反刍动物产业。

12.11　小反刍兽疫影响评估

12.11.1　PPR 影响评估的应用

种群所在生产系统不同，PPR 带来的影响也不同。影响评估的方法取决于评估结果的预期用途。主要用途分为两大类：一是帮助了解问题的严重程度以评估疫病防治所需的资金量；二是确定疫病和生产体系的生物和社会的动态影响，可用于指导制定适应当前情况的控制策略。在捐赠者提供资金援助时，应向其表明疫病的危害程度。

然而，发展中国家资源有限，且考虑到多个部门的竞争问题，只有收集更多的信息后才能做出决策。这些信息关系决策方向，例如，采取什么样的措施控制疫病才能产生最大的效益和投资回报。从这个角度看，通常被忽视的无形损失或收益也应当纳入统计的范畴。失去保障的小反刍动物养殖户很可能会成为政府长期的负担，并损耗很多的社会资源。同时，我们还需要收集可能影响控制战略采纳和实施的各个方面的社会经济数据和信息。这些包括生产者当前的情况，包括投身小反刍动物产业的动机，对 PPR 及其破坏性的认识，小反刍动物产业的重要性，疫病防控手段的适当性和可行性，私营或公共服务提供机构的反应能力以及农业系统的整体经济发展水平等。

评估的类型取决于评估报告的目标用户或是为控制疫病提供投资的部门。如果评估报告的用户是政府，那么评估的焦点应放在 PPR 对国民收入、地区和国际贸易的宏观影响以及投资回报。如果评估报告的用户是国家兽医机构，则应侧重于宏观层面的影响和投资回报，以确定最佳的防控手段。在贫困和食物匮乏为常态的牧业系统，从事人道主义援助和生计保障项目的非政府组织（NGO）的兴趣点是对贫困、粮食安全、性别，尤其是特困家庭的影响，评估的侧重点应在社区和家庭。从 2011 年非洲之角危机之后，社会恢复能力建设是非政府组织和政府的支持重点。因此，非政府组织和政府也会从这个角度看待小反刍兽疫的防控。

通常来说，PPR 的社会经济评估需要关注小反刍动物的多种用途、服务和耕作系统相关的复杂性。否则，将会低估 PPR 的影响并导致投入的资金不足。小反刍动物养殖多为小农户和/或维持生计的养殖模式，因此，识别小反刍兽疫在各方面产生的影响非常重要，策略的制定也需要从多角度入手。

PPR 对社会经济造成的破坏性和影响程度取决于若干独立或相关联的因素，包括：发病率和病死率，受威胁种群的规模，群体免疫水平和暴露水平，疫情暴发的频率和规模，小反刍动物在生计中的重要性和作用，小反刍动物价值链参与者的反应能力，应对措施和实施水平，小反刍动物养殖、其他谋生手段和农业系统之间的相互作用（包括跨境生态系统联系）。

12.11.2 小反刍兽疫影响因素的识别和估值

分析 PPR 造成的影响需要分析影响 PPR 传播的各个因素的功能、用途和所处的环境等多方面的内容。同时，还必须研究小反刍动物在维持农户生计、社会建设和经济发展等方面发挥的有形的（可进行描述、衡量和估值）和无形的（难以描述、计算或估值）作用。此外，影响发生的程度和可以估计的程度也各不相同，包括动物、畜群、家庭、社区、畜牧管理部门、农业部门、国民经济和全球经济状况。有形和无形损失的范围覆盖了整个价值链可量化的经济损失以及剥离于生产者之外更加错综复杂的维度。除了捕捉有形和无形的影响，疫病带来的直接和间接损失也增加了评估的难度。直接和有形的影响包括病死动物导致的生产损失；间接影响有医疗成本的增加、交易限制以及进入更好的市场的限制（图 12.1）。

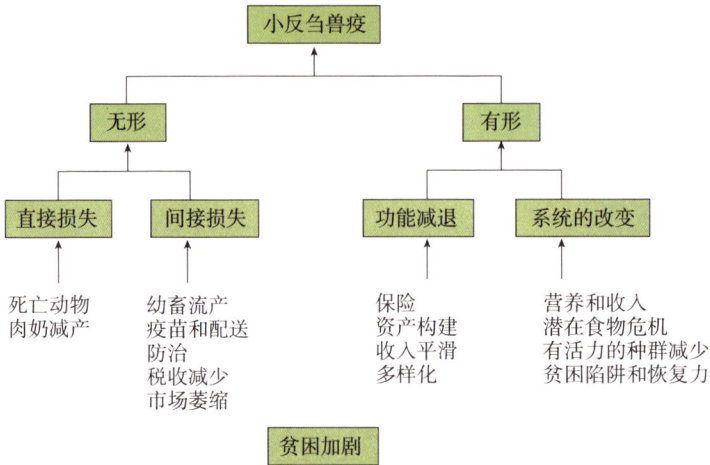

图 12.1　PPR 的影响

从家庭层面来说，有形的直接和间接损失与生产力损失有关（如产量损失、预防和治疗成本、市场干扰导致的收入损失以及流产导致的畜群价值变化）。对于价值链上的其他参与者，直接影响主要包括肉、奶销售额下降导致的收入减少（动物死亡和交易限制导致供应量不足）。活畜交易量下降、市场萎缩、产品加工需求量降低以及产品、副产品零售额下滑使整个产业链利润锐减。政府调动人力、物力支出的成本也是影响之一。无形的影响主要集中在家庭和社区，如上所述，这个层面的损失最难以估量。生产和收入损失可以从食物、收入和支出变化的角度进行估算。最后，对于某些疫病，由于一些生产潜力的不恰当使用（小反刍动物物种、遗传和生产实践），弱化了动物在价值链中的贡献。连锁反应导致价值链外围的人或物受到影响，PPR 对羊群构成的深度影响还会殃及其他领域（如饲料加工、运输、屠宰和就业）。

最理想的评估不仅要考虑有疫病的情况，还要考虑无疫病的情况。后者需要从规模、数量和货币价值等方面认识小反刍动物在价值链中的作用，特别是在以获得利益为目的的情况下。而在疫病蔓延的情况下，要了解发病率和死亡率以及市场干扰如何影响小反刍动物发挥作用，并导致产量减少。因此，确定采用何种方法来分析影响的关键是尽可能多地采集数据。

12.11.2.1 小反刍兽疫的有形影响及其量化

PPR 对小反刍动物养殖户最实际和最直接的影响就是动物的死亡，随之带来的是资产缩水，羊奶减产，活畜交易量下降以及幼崽出生率低下。另一项有形影响是发病牲畜奶产量降低，无法满足家庭、销售和幼崽的需求。产奶减少还会降低幼畜存活率，影响畜群增长和价值。在商业养殖系统中，发病牲畜体重减轻致使饲料成本增加，生长到出栏水平需要的时间增加。产能降低最直接的后果是食物的来源减少，牲畜资产缩水。其他价值链参与者的生计受到影响的主要原因是动物及其产品的供应受到限制。在市场波动的情况下，可能会导致小反刍动物和产品的替代产品成本增加。在疫情严重的情况下，消费者可能会受到供应减少引起的产品价格上涨的影响。

从畜牧养殖来看，畜群结构和价值将发生改变，畜牧生产总值和收入降低，政府用于防控疫病的支出增加，农业部门和国家财政收入减少。对农业和国民经济的影响归因于牲畜产量减少和收入降低。

a. 死亡率和发病率

PPR 报告的死亡率存在差异。据 FAO（2009）报道，新发病群体的死亡率可高达 75%（2006 年肯尼亚疫情）和 72%（2009—2011 年坦桑尼亚疫情）。2012 年肯尼亚马拉奎特地区暴发的疫情，死亡率为 20%，发病率为 75%（未发表的调查报告）。这说明疫病自 2006 年传入后，有平稳发展的趋势。

发病率广义上是指某一特定群体中的疫病流行程度，通常用时点患病率（在特定人群中特定时间出现的疾病病例总数）或时期流行率（在规定时间范围内患病人口的百分比）来衡量。疫病在流行地区和新发病地区的发病率及其带来的影响也存在差异。2006—2011 年，肯尼亚、坦桑尼亚、乌干达和刚果民主共和国等首次发生疫情，PPR 发病率高达 73%（FAO，2009）。在疫病地方性流行国家，报告的发病率较低。PPR 的发病率在不同小反刍动物物种（山羊多于绵羊）和不同年龄段也有所不同（默克兽医手册，英文版，2013）。在 PPR 地方性流行的埃塞俄比亚，3 岁以上动物比年幼的动物血清阳性率更高（Waret-Szkuta 等，2008）。在新发地区和易感群体中的情况与之相反。2007 年肯尼亚首次发生疫情，绵羊和山羊以及所有年龄段羊只受到感染程度相同（FAO，2009）。

农业系统和动物迁移模式（受感染的和健康小反刍动物）会影响疫病的传播和蔓延，进而影响疫病的发病率。这些影响都是人类行为以及对动物和其生产体系要求的结果。在埃塞俄比亚等 PPR 流行国家，血清阳性率在不同的农业系统和地区跨度很大，为 0～52.5%（Waret-Szkuta 等，2008）。低海拔地区的发病率高于高海拔地区，这主要归因于低海拔地区的牲畜流动性更大，数量更大。此外，3～6 月是动物迁移最频繁的季节，也是当地 PPR 暴发频繁的季节。在埃塞俄比亚，发病率在不同的养殖系统中表现也不同，游牧、定居和混合等养殖形式，疫病发病率分别为86%、43% 和 33%（EMPRES，1998）。为了进行贸易、寻找牧场和水源、躲避内部战乱或边境冲突（如撒哈拉以南非洲地区），各种牲畜聚集到一起，相互影响。PPR 传播到坦桑尼亚 Tandahimba 地区（FAO，2009），很可能是羊肉贸易者在其中发挥了作用。这些贸易商将从其他地区购买来的牲畜混养在自己的羊群中，结果引入疫情使其损失惨重。不同年龄段，已感染和未感染的山羊和绵羊混养在一起，加速了 PPR 的蔓延。同样，从市场上购回的牲畜没有进行隔离观察就混群，在市场上没有卖出的牲畜返回后混群，病死动物的尸体没有进行妥善处理等一系列管理上的漏洞都促成了 PPR 的传播和蔓延（EMPRES，2008）。

影响 PPR 发病率和死亡率的因素还有易感群体的规模及密度。假设群体外干同等免疫水平，PPR 等高度接触性传染病在高密度群体中传播率比低密度群体更高，感染程度更严重。Hedge 等（2009）报道，在印度不同地区，动物的种群密度是影响易感动物群体 PPR 发病率的主要因素。此外，环境也是影响 PPR 传播的因素之一。在雨季后期以及冬季来临前，PPR 疫情逐渐增多，冬季疫情暴发起数最多（Hedge 等，2009）。

发病率和死亡率造成的损失可以通过肉、奶、纤维/羊毛、肥料、皮毛的产量以及它们的市场价格来估算。病死动物的奶产量损失为 100%，恢复动物的损失取决于 PPR 感染造成的产奶量损失比例。有时，病死动物的损失按照动物的市场价格来估算，这样就无法估算动物死亡造成的奶产品及其他产品的损失。

用月均销售量乘以市场管制的月数就能得出本该出售却因 PPR 无法出售的牲畜的数量，并推算出家庭收益或收入损失了多少。在某些情况下，牲畜通过非正式市场出售，相应的市场波动对价格的影响也应考虑进来。需要注意的是，牲畜无法进入市场销售的也是变相的经济损失。此外，还应关注收益减少带来的家庭收支变化。PPR 会导致流产，因此，产羔期的延长会造成奶产量降低，种群规模缩小。

除生产者外，PPR 还会波及其他价值链活动，如活畜交易、运输和肉制品加工等。发病率、死亡率或市场关闭会减少小反刍动物产品的供应量。PPR 的影响程度还和价值链的成熟度以及该价值链与国内、国际价值链的对接程度相关。价值链参与者的数量、疫情前后的交易体量、交易成本和毛利率都是必须考量的数据。这些附加值的损失可以通过销售量、利润率的减少以及与营业场所和劳动力等相关的闲置成本进行估算。活畜交易商在其他地区购买牲畜时会产生额外的成本。

PPR 对当地和国际贸易的影响在疫情新传入国家会更明显。Diallo（2006）指出，尽管 PPR 是一种高度接触性跨界传染病，但它通常不会影响国际贸易。因为在大多数 PPR 流行国家，疫病都呈地方性流行，因此，贸易禁令通常不会再产生影响。此外，小反刍动物的贸易往往是非正式的，不会受到正式贸易禁令的影响。因此，PPR 的影响只会停留在国家层面，进一步说，它直接影响的是养殖户的切身利益。如果多数国家有贸易禁令并且干扰正常贸易，那么价值链中市场销售和产品加工参与人员的生计也会受到影响。

b. 预防和控制

动物疫病带来的有形间接成本是疫病的预防和控制成本。即采取防控措施的货币成本，包括措施的外部效应和负面效应以及这些措施的成本。接种疫苗是预防和控制 PPR 最直接的方法。主要的成本是疫苗的采购和配送。配送成本还包括必要的设备、津贴、劳务报酬和运输。截至目前，大多数 PPR 的疫苗接种都是政府行为，仅有极少数是养殖者自发行为。但从家庭层面来看，养殖户在治疗 PPR 使用的药物上确实投入了资金，只是没有反映在疫病影响的研究中。疫苗接种减少了易感群体的数量，为防止疫情进一步扩散，建立了免疫缓冲区，降低 PPR 的影响。研究人员在东非地区发现，除了疫苗采购和运送的成本外，疫苗使用的另一个主要问题是未能维持冷链保存，导致疫苗在接种时已失效（Nawathe，1984），影响免疫覆盖率。疫苗接种覆盖率降低，疫病发病率就不会明显降低，相应的疫病防控投入变成了沉没成本。PPR 疫苗免疫还可能引起流产及轻度 PPR 临床症状等副作用，这些都进一步增加预防和控制成本。除了疫苗接种之外，在实施隔离的地方，隔离措施的实施成本、企业贸易减少带来的损失以及地方政府和兽医服务的收入损失也应考虑。

通过防控降低疫病危害的关键是及早进行诊断检测和快速做出反应。了解从发现疫病到确认疫病并做出反应的时间线和时间延滞非常重要。在疫病新发国家，兽医服务机构的反应能力决定了疫病给家庭、社区和国家带来的影响程度。疫病检测和疫情响应的延迟会导致疫情影响面更广，发病率和病死率更高，疫病预防和控制的成本更大，进而给生计和经济带来影响。在山羊传染性胸膜肺炎、裂谷热、绵羊痘和山羊痘以及羊口疮流行的地区，疫病的鉴别诊断可能延误疫病确诊，增加疫情传播的可能性。

12.11.2.2　无形损失和非货币影响

尽管 PPR 的无形损失和非货币性的负面影响难以确定和量化，但它们加剧了疫病对家庭和社区造成的不利影响。无形影响的程度可以从管理模式的改变到贫困的加剧。

a. 管理变化和畜群生存

PPR 会影响种群的繁育和生存，由此带来畜群结构的改变。活跃种群被描述为能够自我恢复和重建的最小数量的动物群体（Sidhamed，1998）。种群数量的多少往往取决于其所在环境和生产系统。PPR 传入畜群，使畜群中的动物数量减少，畜群活力降低。在这种情况下，只有注入新的活力才能维持种群的发展。但在一些小反刍动物养殖地区，环境非常脆弱，种群往往很难恢复。在非洲之角，干旱和动物疫病频发，失去生计成了牧民的常态。粮农组织（2009）表示，在肯尼亚西北部的图尔卡纳，PPR 导致大批穷困和极度穷困的家庭失去生计，因为山羊和绵羊是这些家庭唯一的财产。

b. 营养、收入和支出的变化

PPR 还会带来家庭营养来源和支出的变化。牛奶和肉类产量减少，带来收入的减少，影响家庭购买其他食物。对家庭来说，疫情发生还意味着可获得肉类和牛奶减少，可能会引起食物紧缺，尤其是营养价值高的食物。粮农组织（2009）报道，2007 年肯尼亚暴发 PPR 疫情后，很多贫穷和极其贫穷的牧民（主要养殖小反刍动物）只能通过采食野生食物、接受粮食援助和其他社会支持系统等方式获取食物。同时，为了弥补牲畜死亡带来的收入损失，还需要努力寻找其他收入来源，如临时工和木材制品采伐（木炭和木柴），增加获得现金的机会，因为他们获取粮食逐渐更加依赖市场。小反刍动物所处养殖系统不同，影响也不同。对牧民来说，小反刍动物为食物供应和家庭收入的主要贡献者，因此，疫情的影响主要是食物供应和收入影响，而对商业体系，收入减少将产生更大的影响，可能意味着需要减少对养殖系统的投资。PPR 疫情暴发时，测定儿童营养不良指标也非常重要。

c. 贫困陷阱和恢复能力降低

大多数小反刍动物养殖在小农户系统中，而小农户的生计由不同的农业和非农业活动组成。PPR 的传入让这些家庭可依赖生计的选择性减少，生计恢复弹性降低。小反刍动物的损失会给家庭生计，特别是在农作物歉收或干旱时减少了一项保险。在这样的生产系统中，生产者依靠小反刍动物的自我繁育能力，逐步积累小反刍动物资产，摆脱贫困。但是，如果动物群体失去生存活力，生产者就会陷入贫困陷阱。特别是，当家庭没有足够多的羊群来支撑医疗费和葬礼等重要支出时，这种情况就会发生，会让家庭陷入贫困状态（Kristjanson 等，2004；van Campenhout 和 Dercon，2012）。粮农组织（2009）评估报告显示，疫情导致肯尼亚贫困和非常贫困的人口增加了 10%。考虑到 PPR 带来的影响，牲畜数量和相应的财富应当重新计算，也就是说，曾经较富裕的家庭而今成了中等收入家庭。

PPR 导致牲畜死亡，也会影响到农户的社会地位。社区通常依据一个人是否能管理好自己的畜群来评判他的能力以及是否信任此人的标准。诸如此类的因素还会影响策略的制定和实施。

12.12　当前我们对 PPR 社会经济影响的认知

尽管 PPR 已广受关注，但目前影响防控策略和政策制定的相关数据或信息有限。关于 PPR 及其影响的很多文章都是对具体情况和特定时间的分析，在此之上整体推断出 PPR 的重要性及其经济影响。对 PPR 的经济影响、社会影响与无形影响以及与疫情预防和控制相关的其他社会经济问题的专门研究很少。除了针对性研究外，有两类文献中也会有相应的内容论述，一种是与 PPR 相关的技术出版物，其中会有 1~2 篇内容专门针对这一主题，另一种有关牲畜健康与发展的相关文献。尽管这两类文献能提供部分信息，但在了解疫病对生计的动态影响及人们对疫病的可能反应方面作用很小，数据对于研究疫病防控策略或制定政策发挥作用有限。

PPR 研究的另一个局限性是，研究带有显著的地域性。研究以西非和印度居多，近年来才有在东非开展的研究。在全球范围内，依旧有很多地区不清楚 PPR 对社会经济和农户的生存会造成什么样的后果。尽管研究内容有限，综述这些研究结果也为进一步研究提出了多样性的切入点和方法。可以从对 PPR 进行具体的经济分析（Stem，1993），到 PPR 疫苗的成本效益（Awa，2000），以及通过群体数量乘以流行率计算（Hamdy 等，1976）等切入点进行研究。此外，口蹄疫（Rushton 和 Knight Jones，2012）和牛瘟（Roeder 和 Rich，2009）的疫病影响评估在数据、证据和可用方法等方面也有类似的局限性。

12.12.1　历史研究

关于 PPR 的最广泛引用和最全面的社会经济学研究是 Stem（1993）撰写的关于在尼日尔预防山羊 PPR 的经济分析的文章。Stem 研究了 1986 年尼日利亚政府在全国范围内为山羊接种疫苗的潜在效果。在进行研究时，Stem 使用了 1981—1987 年的数据，并基于 PPR 流行率研究中使用 30 个畜群数据建立了一个 5 年动态模型。最后他得出结论，开展为期 5 年的疫苗免疫，投入 200 万美元能够带来 2 500 万美元的回报。这项研究还提出一个非常有趣但并不常被提及的观点，接受调查的农户通常愿意为每头牲畜支付 0.73 美元的疫苗费用，这表明他们认为这种疫病非常重要，应该进行投入。

Awa 等（2000）、Tillard（1991）和 Hamdy 等（1976）的研究成果也常被引用。Hamdy 等（1976）研究了尼日利亚矮山羊中的口腔炎、肺炎-肠炎的原因，并推断每年会造成约 150 万美元的损失。但是，进一步研究显示，研究中计算的80%～90%死亡率是肺炎引起的死亡率，不是PPR所致的死亡率。文章没有解释它是如何得出这个数字的。

Tillard（1991）、Thys 和 Vercruysse（1990）以及 Awa 等（2000）将 PPR 的治疗和预防性成本效益分析纳入研究范围。Tillard 等在塞内加尔对6 000只采用了不同的预防措施的绵羊和山羊进行了为期5年的监测，并得出对小反刍动物进行疫苗接种对于养殖者而言具有成本效益的结论。但他们同时指出，疫苗产生效果的不可预见性使精确计算疫苗免疫的有利方面很困难。他们还提出了一个关键点，即在做出决策、投入资金之前，了解疾病在每个特定区域的流行程度是非常重要的。Thys 和 Vercruysse（1990）在他们的综述中也讨论了这个问题，他们认为对于小反刍动物来说，将不同的预防措施结合起来可能不是最经济的。对此，Awa 等（2000）在喀麦隆北部对18 400只绵羊和山羊中进行了验证。研究发现，当采取每年接种 PPR 疫苗和1年2次驱虫剂治疗的措施时，山羊的成本效益比为（2.26～3.27）∶1，绵羊为（3.01～4.23）∶1 。

在印度的某个区域，绵羊和山羊小反刍兽疫的发病率分别为52%和53%，绵羊的死亡率为13.5%，山羊的死亡率为8.5%，绵羊的损失为918卢比（约18美元），山羊的损失为945卢比（约19美元）（Thombare 和 Sinha，2009）。这些损失包括生产损失（基于减重和肉价）、流产导致的价格下降、市场价值降低和羊毛/纤维质量下降等。药物治疗和疫病管理带来的额外投入，绵羊和山羊分别为162卢比和155卢比。从养殖场层面来看，绵羊和山羊因死亡造成的经济损失分别为21 368卢比和1 673卢比。

研究 PPR 的社会经济学的另一个切入点是对动物健康和疫病防控优先等级进行更广泛的研究。Perry 等（2002）提出了在经济条件有限的情况下优先防控的动物疫病。这项研究将影响划分成了多个层面：家庭/畜群/生产力水平和国家层面。研究包括了13种特定疫病、3种综合征（如幼畜死亡）和4种常见病（如胃肠道寄生虫）对贫穷家庭的影响。在南亚地区，PPR 排在前10位，在西非排在前20位，排名第17位。有趣的是，在不同养殖系统中对贫困人口影响的前20位疫病中，PPR 在牧场系统中排名第18位，在混合系统中排名第15位，在城市周边生产系统中排名第16位。

《世界牲畜疫病图集》［世界银行和 2011 国际动物健康组织（TAFS）论坛］根据 OIE 2006—2009 年的官方数据分析了由于疫病导致损失的牲畜单位数。在 68 种疫病中，牲畜损失单位总数（LSUs）中 PPR 位列第 25 位。按照 1 头羊＝0.1 LSUs，而 1 头牛＝0.9 LSUs 计算，损失是非常大的。作者还计算出，2006—2009 年 PPR 导致了 2 565 个 LSUs。此外，影响绵羊和山羊的疫病中 PPR 排在第 3 位。这些数据提供了 PPR 相对于其他疫病的影响，对分析疫病影响非常重要。但这些分析都是基于官方提供的数据，可能由于部分国家没有提供疫病的发病率或流行率数据，结果会有偏颇。

近些年，在 PPR 的不同动态、无形损失和多重影响等方面也开展了一系列研究，也有一定收获。2007 年东非 PPR 疫情报告（FAO，2009）表明，肯尼亚和坦桑尼亚的疫情，对生计造成影响。PPR 使富裕家庭陷入了贫困，让本已穷困的家庭变得一贫如洗。PPR 流行 2 年估计导致的牲畜资产损失为 52%～68%，具体取决于牲畜资产在家庭财富中的占比。PPR 还引起了食物消费、食物供应量和收入方面的变化。贫困和非常贫困家庭的牲畜收益下降了 99%，中等富裕家庭下降了 55%，富裕家庭下降了 42%。研究显示，大部分家庭难以维持可持续的畜群规模，因此，很难保证维持家庭的生计。在某些情况下，这意味着增加了对粮食援助的长期依赖，对国家资源的浪费。

12.12.2 　PPR 影响评估分析框架

如上所述，对不同层次的 PPR 社会经济或有形和无形影响的研究非常有限。对于具体的和社会经济的分析，有一系列方法可用，但对于无形影响的评估，研究方法很有限。

Rushton 等（1999）、Morris（1999）、Ramsay 等（1999）、Marsh（1999）、Rich 等（2005a,b）报道了动物疫病的经济评估方法。无形资产损失的评估直到近几年才受到关注，相关研究大量借鉴了英国国际发展署（DFID）和 Carney（1991）、Kristjanson 等（2004）和 Bush（2006）等关于可持续生计的研究内容。

评估采用的概念和分析框架取决于：（i）所需的问题或信息。相关信息是否有助于吸引资金投入？是否研究经济影响就足够了，还是为了制定疫病控制计划还需要了解疫病对社会和经济动态的影响。即使仅考虑疫病影响，也需要进一步确定影响的范围（有形损失和无形损失）。社会经济问题研究类型和深度主要取决于信息服务的目标群体（即决策制定者、牲畜饲养者、疫病控制措施实施者或兽医，每个人都需要不同类型的信息）以及信息的用途。（ii）分析的层面（动物、畜群、家庭、社区、畜牧部门、农业部门、国民经济或全球经济）。家庭/畜群层面的分析方法包括：部分预算法、毛利率、盈亏平衡分析、家庭建模、可持续生计分析（SLA）和家庭经济评价（HEA）。行业、国家和国际层面的方法包括：成本效益分析（CBA）、动态线性模型评估、模拟建模、成本的效益分析（CEA）、决策分析、政策分析矩阵（PAM）、局部均衡分析和一般均衡分析、投入-产出模型（I-O）和社会核算矩阵（SAMs）。（iii）PPR在地方性、散发性和流行性等不同流行状况下的发生情况。地方流行状况的分析最好选择部分预算法和简单的成本效益分析（CBA）；对于散发状态，更复杂的生计分析需要通过决策分析和复杂的成本效益分析（CBA）确定影响和影响发生的可能性。在流行状态下，最好采用决策分析方法。疫病的量化和指标的生物学复杂性问题，可以通过输入流行病学数据并进行分析来解决。

结合分析范围和关注的社会经济问题可以缩小分析方法选择的范围，但并不能明确单一的主导方法。Rich等（2005）提出没有一个经济模型或方法是普遍适用的。由于PPR在多数国家都是地方病，在新发国家可能会出现小规模到中等规模的流行，且考虑到小反刍动物是重要的维持生计的资产，因此，PPR的影响评估分析对于政策实施者和消除贫困、改善生活、保护生产资料以及增加谋生手段政策的决策者而言非常有用。家庭层面的分析可以了解疫病影响和贫困、性别以及粮食安全之间的关系。

12.12.3　国家层面——总体分析电子表单

从国家层面看，传统的成本收益分析框架最适合分析PPR的影响。以电子表单为基础的框架，包括详细的动物种群、生产指数和价格水平等数据，可以量化PPR暴发的损失。利用这些数据，可以计算生产损失和死亡率。为计算疫病预防和控制成本，详细的活动/设备/津贴预算和支出也需要考虑在内。如果要分析控制计划，还需要比较实施 PPR 控制计划的情况和没有实施 PPR 控制计划的情况。如果有 PPR 传播的流行病学模型，可以与经济成本收益分析框架结合，模拟疫病控制策略和比对不同情况下收入的变化。可以根据专家意见或科学数据推测每种疫病控制手段的效益比。如果分析重点同时放在疫病影响和控制手段上，则需要具有起始基线的纵向统计分析数据（每年更新并持续几年）。针对 1 年数据的评估是不能解释累计影响的。在成本效益分析时，可纳入未来和过去几年的数据实现动态分析，对未来数据的预计可通过（与往年相比）收入和支出按照一定比率进行折算（Perry 等，2003；Randolph 等，2002）。然而，成本收益分析和疫病影响力框架无法捕捉后期影响损失，如价格效应、对其他商品的冲击、长期动态效应和更广泛的影响（Rich 等，2005a，b；Otte 等，2004）。也无法捕捉上述提到的众多无形的影响。成本收益分析的不足可通过以下方法弥补：（i）局部均衡分析，捕捉生产剩余和消费剩余、总体影响以及疫病暴发的冲击面，包括价格变化、关联影响和福利变化等。（ii）用投入-产出模型和社会核算矩阵捕捉各产业经济之间的联系。与局部均衡模型不同，投入-产出模型和社会核算矩阵不允许价格变化，无法考虑动态变化。尽管价格变化对农业行业影响大，但在考虑中期和长期影响时，使用局部均衡模型比价格变化分析更有吸引力。投入-产出模型假设经济变化都是由于需求曲线变化引起的，而不是供应曲线变化引起。然而，可计算一般均衡模型，投入-产出模型和社会核算矩阵已被很多国家淘汰，无法用于 PPR 或其他疫病分析。

12.12.4　部分预算法

部分预算分析基于预期，关注分析系统中影响相对较少（净增加或减少）的因素。部分预算中的 4 个投入和产出要素包括新的投入、产出损失、节省的投入和新的产出。使用该方法评估疫病防控措施时，分析的重点是与增值的收益相比，增加了多少控制成本。在评估控制 PPR 带来的影响时，主要的新增成本是预防和控制疫病的成本，而节约的成本是避免生产损失以及相应带来的收入和畜群价值增加。

12.12.5　畜群层面或上游企业的毛利率

毛利率是用产出减去可变成本，在不考虑固定成本的情况下，用于评估一个企业的经济生存能力。这些通常被表达成每个标准单位（如公顷或牲畜单位数）的产量。小反刍动物企业的毛利率分析应该包括活畜和羊奶的销售（家庭消费和出售）、羊皮（可用的）、羊毛以及羊群价值随时间的变化。可变成本包括所有采购支出。这一方法只适用于以贸易为目的的生产系统。大多数牧民和从事农牧业的家庭养殖小反刍动物的目的主要是为了自给自足或以物易物。在这样的系统中，可变成本很难限定是为了满足小反刍动物生产，并且随着生产规模变化。在低投入的混合畜牧系统中，很难精确计算出小反刍动物的支出费用。

毛利率分析还适用于小反刍动物贸易商和价值链的其他业务参与者。贸易层面的毛利率分析可以升级到企业预算，加上固定成本就可以得出利润。土地、劳动力和资本等不变成本不随企业变化而变化。毛利率分析和企业预算在小农户系统中适用性有限。它们主要提供基本的生产力数据以评估疫病造成的潜在和实质性影响。在缺乏企业真实数据时，可使用电子表格或商业软件包建立模型，进行快速评估获得数据并不断完善。

12.12.6　家庭和生计框架

家庭层面的冲击差异很大，有时影响深远；从生计的角度出发，能够提供一个捕捉内在联系的框架。生计框架关注的是人们维持物质生存和社会福利必须具备的能力、资产和活动，即生活。这个框架着眼于人们拥有的各种资本，包括社会资本、金融资本、人力资本、自然资本和物质资本。例如，小反刍动物可被视为一种物质资本，但放牧的草场则是自然资本，还有何时何地能为牲畜接种疫苗的信息则属于社会资本。同理，当出售小反刍动物时，回报就是金融资本，当金融资本用于家庭成员的教育时，就增加了生计资产中的人力资本。因此，这样的框架为我们提供了一种工具，可帮助人们更好地理解人们拥有的资源及其使用方式（这些资源通常都是非货币化的），特别是对于了解贫困人口的生计问题。

将动物健康、生产状况以及疫病威胁放入到这个框架中分析，能够更好地了解疫病暴发如何冲击影响牲畜所有者的生计。由于 PPR 的影响往往是无形的，因此，这种框架式分析方式能帮助人们更好地了解 PPR 造成的损失。也就是说，使得诸如由于小反刍动物的损失影响学费来源等影响变得显而易见。

英国国际发展署（DFID）创立的可持续生计框架（SLA）已成为当前用于理解生计问题和有效减贫的最重要框架。这个框架还能够让我们更好地了解动物疫病与疫病加剧贫困之间的联系，从而帮助决策者和项目执行者找到增强社会恢复力的切入点。可通过一系列的深度访谈、小组讨论评分和排名来收集分析所需的数据。

另一个生计分析框架是 HEA（Bush，2006；Levine 和 Crosskey，2006），它可用于研究家庭的运营，各个财富阶层的食物和收入来源，他们的消费模式，社会关系，以及他们如何应对危险。HEA 数据通常用于减贫、粮食安全和可持续性生计的干预措施。HEA 需要全面的基线数据，最好能有疫病暴发之前的基线数据。HEA 包含 4 个分析步骤：(i) 生计分区；(ii) 财富群体划分；(iii) 按财富群体和生计分区理解谋生策略；(iv) 各因素场景的发展方向。对于 PPR，各个因素场景都可以具体到特定的问题进行详细的分析，如分析师可以评估 PPR 的直接影响，以及它可能影响所有财富群体获得食物和收入的途径。最后一步是分析应对策略，重点是生产者如何应对冲击对生计的影响来确定后续影响。

在 2006 年肯尼亚暴发 PPR 疫情之前（FAO，2009），研究人员已经建立了图尔卡纳（Turkana）家庭的基线数据库。为了模拟 PPR 对生计维度的影响，使用基线数据开发了一个 excel 电子表格框架，该表格按财富群体和生计分类。(i) 所有牲畜品种的畜群动态，每种牲畜畜群动态，年初牲畜存栏量，每年牲畜引进数量和卖出数量以及年底存栏量。(ii) 每年的食物来源占推荐能量数的百分比。(iii) 每年家庭收入的绝对数值。(iv) 每年家庭支出的绝对数值。为了确定 PPR 带来问题的严重程度，应收集 PPR 的发病率和死亡率，牲畜损失数，财富阶层划分和基础，PPR 带来的影响和其他冲击对种群动态的影响、收入、食物资源和支出变化等数据进行快速评估。

为了了解 PPR 对生计造成的实际影响和带来的损失，将 60% 的致死率作为 PPR 的冲击基线情景。模型的输出包括 PPR 对财富排名的影响、牲畜资产的耗损、种群动态变化、收入来源、食物来源支出水平的变化和减少。

这个框架最大的不足之处是它需要大量的数据支持，因此，需在 PPR 暴发前收集完基线信息才能使用。可以说，这个框架在疫病呈地方性流行的地区十分有用。但是，PPR 流行地区的家庭经济数据在制定生计应对策略中至关重要。

12.13　结论

对小反刍动物养殖户来说，PPR 带来的打击是毁灭性的。疫情带来的影响程度取决于小反刍动物在不同生产体系中所扮演的角色。PPR 和粮食安全、贫困的联系也越来越紧密，也越来越显著，需要引起国际社会的高度关注，以全面了解 PPR 长期以来造成的深远影响。这些关注需要转化成国际和国内层面的政治意愿，为疫病控制干预提供资金支持。分析 PPR 的有形和无形影响非常复杂，且需要多个领域的专家参与；否则，会导致低估 PPR 的影响力而由此产生投入不足，进而导致 PPR 的持续传播。大多数小反刍动物都饲养在小农户自给系统中，需要从多个方面分析动物疫病的影响，当然也需要采取综合性措施控制动物疫病的流行。

第十三章 小反刍兽疫全球根除策略和前景展望

G. Dhinakar Raj, A. Thangavelu, Muhammad Munir

摘要：PPRV 是高度接触性传染的病毒，主要感染小反刍动物和骆驼，在非洲、中东和亚洲等地的多个国家流行。近年来，研究人员在研发高效疫苗和诊断试剂方面付出了很多努力，在分子流行病学领域开展了大量调研工作。这些努力再加上根除牛瘟的成功经验为控制 PPR 奠定了坚实的基础。有效控制和进一步根除 PPR 的策略包括：集中对高风险地区小反刍兽接种疫苗，然后进行地毯式免疫，了解小反刍动物饲养者的社会经济和文化状况，加强基础设施建设以应对突发疫情，加强疫病流行国家与国际组织的合作。本章将对上述工作及其成效进行综述。

13.1 简介

"根除"是"连根拔起""彻底消除"的意思。疫病根除是指通过不懈努力将全球范围内的发病率永久降为零，无须再实施进一步的控制措施。现已实现大型反刍动物疫病——牛瘟在全球范围内的根除。与之不同，疫病消除是指将某个地理区域内的某种疫病发病率永久降为零，但需要持续实施干预措施。经典的疫病消除案例包括 2001 年英国消除口蹄疫疫情以及全球多个地区消除狂犬病。

13.2　感染和发病

感染和发病之间存在差别，感染意味着病原微生物在宿主体内增殖。身体机能由此会或不会受到影响。发病是指因身体机能受损而导致健康状况发生变化。发病会伴随有发热和疼痛等临床症状。

13.3　发病率和患病率

发病率是指某种疫病新病例的出现频率。通常以某段时间内（如每月、每年）新增病例数的形式进行上报。患病率指的是一个群体中的发病总数而非新发病例所占的比例。因此，发病率指感染某种疾病的风险，而患病率是指某种疫病的影响范围。

13.4　有利于疫病根除的因素

根除动物疫病是在指定的地理区域内完全消除疫病对易感宿主的威胁。因此，疫病根除计划往往耗资巨大，需要全球齐心协力，通力配合。一旦实现疫病根除目标，在疫苗利用、社会和福利影响等方面的资源投入将得到回报。

以下7个生物学特性有助于疫病根除计划的实施：①疫病是由于遗传稳定和抗原同源的病毒引起；②没有储存宿主；③疫病不具有非常高的接触传染性；④有高效疫苗能激发长期免疫；⑤已对群体中的大多数动物实施免疫；⑥有敏感性高和特异性强的诊断试剂；⑦全球达成合作共识。

　　麦地那龙线虫病、脊髓灰质炎、淋巴丝虫病、麻风病、麻疹和疟疾等很多人类疾病被列入全球根除的候选疾病名单。世界卫生组织（WHO）计划于1986年根除麦地那龙线虫病，1988年消除脊髓灰质炎。然而，虽然2种疾病接近根除，但却在全球根除计划期限后的很长一段时间依然存在。这些案例也凸显了疫病根除工作的艰巨性。人类传染病天花和大型反刍动物传染病牛瘟已被彻底根除。表13.1对已经根除疫病的一些生物学指标进行了平行比较。将这些指标和PPRV的特性相比较，有助于推进实施PPR的根除计划。

表 13.1　根除天花和牛瘟的生物学指标

生物学指标	天花	牛瘟
病毒库和宿主	人	牛
传播性	非常低	高
疫苗效力	>98%	终身免疫
病原体携带状态/亚临床感染	没有或非常少	没有病原体携带状态
潜伏期	12d	3～15d（4～5d）
基因稳定性	是	是
季节性	显著	无季节性
公众关注度/显著重要性	高	毁灭性影响
确诊	容易	有敏感的检测试剂

13.5　有助于根除 PPR 的因素

　　PPR是否可根除的决定性因素简述如下。

13.5.1　经济层面

　　尽管理论上所有的疫病都是可以根除的，但是否实施疫病根除的主要决定因素在于根除和替代使用资源之间的成本/收益比。这种情况下进行决策并不容易，在很大程度上取决于国家的经济状况和现有条件。考虑到狂犬病是人畜共患病，致死率可达到 100%，并且完全可以预防，因此，全球对根除狂犬病的意愿是一致的。相比之下，经济重要性可能是山羊痘根除计划实施的主要障碍。综合考虑多种因素，对于很多疫病会选择有效控制措施而不是根除。对疫病控制和疫病根除进行经济学指标对比，进一步明确根除计划的实施目标，是促进各个组织建立根除疫病联盟的关键因素。疫病根除的最主要挑战是如何说服财政部门为开展根除计划提供资源。他们需要看到根除措施能获得的经济效益。疫病根除计划的次生效益是建立了一批疫病监测实验室，培养了一只训练有素的、积极性高的专业队伍以及实现了跨部门、跨学科的团结协作。从对经济社会带来的影响，全球防控联盟建立情况以及牛瘟的根除经验等方面考虑，PPR 根除计划满足以上所述疫病根除的衡量尺度。

13.5.2　社会和政治层面

政治支持是疫病根除计划的决定因素之一。为此，选择根除的疫病应当是国际普遍关注、技术上可行，并且全球有一致的根除意愿。各级工作人员必须坚定信念，明确目标，为实现 PPR 的根除坚持不懈、锲而不舍。还应该嘉奖有突出贡献的工作者。根除疫病要求整个社会坚持不懈、不断付出努力。目前，已经充分认识到 PPR 的社会和政治重要性，可以进一步争取国际层面的支持，推进全球根除计划的实施。

13.6　为什么 PPR 被选为下一个应该被根除的疫病

逻辑上，同时存在牛瘟（RP）和 PPR 的国家，由于使用了有交叉保护作用的牛瘟疫苗，也可以间接控制 PPR 的流行，印度南部地区对小反刍动物还曾经使用牛瘟疫苗进行免疫。因此，当停止使用牛瘟疫苗后，出现了一个 PPR 的发病高峰。尽管 PPRV 和 RPV 之间存在差异，但牛瘟的成功根除为与 RPV 抗原性和遗传性高度相关的 PPRV 引起的 PPR 提供了非常好的模型。当然，在下定论前，还有许多值得探讨的内容。

13.6.1　PPR 是一种全球性疫病吗

PPR 仅在包括中国、土耳其、摩洛哥在内的亚洲，非洲和中东的一些国家流行。尽管欧洲、美洲和澳大利亚还未报告存在 PPR，但全球化进程的加快和贸易范围的不断扩大增加了 PPR 传入这些地区的风险。

13.6.2　PPR 是一种有重要经济影响的动物疫病吗

PPR 对小反刍兽带来直接和间接的经济损失。虽然 PPR 对成年山羊和绵羊有自限性，但幼年羊和羔羊对感染却毫无抵抗力。PPR 发病率可达 100%，病死率为 50%～80%。发病率和病死率因动物物种/品种和病毒毒株的不同而有所差异。

已有很多关于 PPRV 导致绵羊和山羊发病的报告。用不同的毒株试验感染西非矮山羊（Couacy-Hymann 等，2007a,b），一些毒株引起特急性症状，一些毒株引起急性和轻度临床症状，而一些毒株感染羊在表现轻微临床症状之后康复。在另一项研究中，对比印度 4 个不同品种山羊外周血单核细胞中 PPRV 的复制情况，结果显示巴勃里山羊和代利杰里山羊的病毒滴度要高于坎尼山羊和塞勒姆黑山羊的病毒滴度（数据未发表）。有报告称，在刚引进的巴勃里山羊群中暴发了死亡率为 16.67%～65.0% 的严重疫情（Rita 等，2008；Amjad 等，1996）。在代利杰里山羊中发生了严重的 PPR 疫情，年轻山羊的死亡率为 100%，成年山羊的死亡率为 87.5%（Parimal Roy 等，2010）。绵羊和山羊的感染率分别为 52.99% 和 51.47%，死亡率分别为 13.50% 和 8.53%（Thombare 和 Sinha，2009）。总的来说，PPR 的发病率和死亡率取决于宿主年龄、饲养密度、营养状况以及先天免疫状况等多种病毒和宿主因素。由于 PPR 的临床症状复杂，需要与其他一些传染病进行鉴别诊断，因此，PPR 对经济的影响很可能被低估了。目前，人们充分认识到 PPR 是制约热带地区小反刍动物养殖的主要因素之一（Taylor，1984）。目前还没对 PPR 产生的经济影响做出全面和综合的评估，但是，也已有部分经济损失的报告。

- PPR 每年可造成 3.4215 亿美元的损失（Hussain 等，2008）。

- 死亡率为 5%，会造成 360 万美元的直接经济损失。
- 印度每年因 PPR 导致的经济损失达 18 亿卢比（3 900 万美元）。
- 在印度，绵羊和山羊的死亡率分别为 17% 和 29%，直接经济损失达 1 300 万美元（Singh 等，2009）。
- 总体经济损失为 918 卢比/绵羊，945 卢比/山羊。因市场价降低导致的经济损失为每只绵羊 404 卢比（44%），每只山羊 408 卢比（43%）。间接经济损失包括产量下降、医疗支出、兽医和劳务服务。主要的损失是羊只繁殖率降低（Thombare 和 Sinha，2009）。
- 15 年来（1991—2005 年），7 种疫病给山羊养殖造成年均 2 648 万卢比的经济损失。其中，PPR 造成的经济损失最大，达 914 万卢比（Singh 和 Shivprasad，2008）。
- Opasina 和 Putt（1985）估算，PPR 每年给每只山羊带来的损失为 0.36～2.47 英镑。
- 尼日利亚每年因 PPR 造成的经济损失约为 150 万美元（Hamdy 等，1976）。
- 尼日尔 PPR 疫苗接种产生的经济效益显示，200 万美元的投入在 5 年内可获得预期净现值 2 400 万美元的回报。

在大多数成本收益分析中，并没有计入生物安全措施、贸易限制、动物流动管制及其衍生出的本地交易所产生的间接成本。

13.6.3 PPR 的传播规律

PPR 的传播不需要中间宿主，仅通过近距离接触病畜或污染物传播。该病具有高度接触传染性。在摩洛哥，2008 年 7 月 18 日首次确认了 PPR 疫情，但第 1 例病例应该是在 2008 年 6 月 12 日发现的。截至 2008 年 8 月 4 日确认暴发了 92 起疫情，超过 2 833 只羊发病，病死率达 50%（Defra，2008）。患病动物出现发热症状的 10d 内，会通过分泌物和排泄物（口腔分泌物、眼分泌物、鼻分泌物、粪便、精液和尿液等）排出病毒。感染动物通过打喷嚏和咳嗽形成的飞沫传播疫病。病毒的传播可以通过患病动物和未感染动物的紧密接触、吸入（10 m 以上的距离）、食入和结膜感染发生。

流行病学调查显示 PPR 的暴发通常与下列情况相关：①新引入动物；②不同来源和年龄的动物圈养在一起；③和引入动物或在市场上没有售出的动物共用食物、水源或圈舍；④由于饮食、栖息地、雨水、气候等变化以及高密度运输等引起的应激反应。

13.6.4 PPR 存在携带状态吗

PPR 是急性传染病，没有持续感染和携带状态的报告。虽然牛感染 PPR 表现血清转阳，但不排出病毒，也不表现临床症状。事实上，牛瘟和 PPR 的主要区别在于其宿主特异性。1942 年，在象牙海岸对 PPR 的流行病学观察发现，疫病不会从小反刍动物传染给牛。这也是当时使研究人员确信他们发现的是不同于牛瘟病毒的新病毒的主要原因（Gargadennec 和 Lalanne，1942）。

13.6.5 野生动物在 PPR 传播中的作用

已有骆驼、瞪羚、非洲大羚羊、黑斑羚、阿富汗山羊、北非狷羚等许多野生动物感染 PPR 的报告。某些野生动物疫情也会导致动物死亡。虽然这些动物易感，但它们能否反过来将病毒传染给家养小反刍动物还有待进一步研究证实。它们所扮演的角色是最终宿主还是疫病的传染源也有待系统性的研究。

通过血清学方法、RT-PCR 或临床观察证实 PPRV 能感染岩羊、小鹿瞪羚、黑尾瞪羚、汤普森瞪羚、瑞姆瞪羚、努比亚野山羊、非洲水牛、水羚、跳羚、非洲大羚羊、非洲水羚、南非大羚羊、黑斑羚和白尾鹿等多种野生动物（Munir，2013）。但是，只在少数病例中分离到了病毒。多数疫情是由家养小反刍动物感染野生动物，并非野生动物传给家养小反刍动物（bubakar 等，2011a，b）。

另一个有趣的现象是，所有野生动物分离株都属于 PPRV Ⅳ系，至今尚未在野生动物中发现其他谱系分离株。这一现象是否能够推断近年来Ⅳ系病毒在大范围蔓延或是其他谱系的病毒不能感染野生动物，还需要进一步详细分析。

野生动物在 PPR 流行病学研究中可以作为小反刍动物存在感染的一项指标，因为在野生动物没有接种疫苗的情况下，所有的抗体都来自自然感染。关于野生动物接种疫苗的优点和缺点比较如表 13.2 所示。

表 13.2　野生动物接种 PPR 疫苗的优、缺点

优　点	缺　点
降低 PPRV 传染家养小反刍动物的概率	野生动物可充当绵羊和山羊群体感染状态的"哨兵"，如果接种疫苗，将失去这一优势
防止病毒通过野生动物交换和贸易传播	疫苗覆盖和监测非常困难
减少病毒在野生动物聚居群体间的传播	血清学检测需要区分疫苗免疫和野生毒株感染
预防病毒跨动物种群传播	野生动物血清学检测的意义降低

13.6.6　PPRV 的基因型和疫病控制的相关性

依据 PPRV 的 F 基因 777～1 148 位核苷酸之间的 372 个碱基序列，可将 PPRV 分为 4 个不同的基因谱系（I系、II系、III系和IV系）（Forsyth 和 Barrett，1995）。I系病毒主要是西非分离株，II系分离株来自科特迪瓦、几内亚和布基纳法索等西非的几个国家，III系代表毒株主要来自东非、苏丹、也门和阿曼，IV系包括来自阿拉伯半岛、中东和南亚的分离株，最近从非洲也分离出了IV系毒株（Dhar 等，2002；Shaila 等，1996）。

PPRV 的分类也可依据 N 基因序列。研究表明，N 基因多样性变化大，更适合相近毒株的分子鉴定。尽管 PPRV 有 4 个谱系，却只有 1 个血清型。

将 PPR 病毒分为不同的谱系，拓展了我们对 PPR 分子流行病学以及在全球范围内传播的认知。例如，根据系统发育分析，Aboumi 发生疫情的分离株和喀麦隆毒株类似，都属于IV系（Maganga 等，2013）。由此推测，亚洲IV系 PPRV 传入喀麦隆后，又随活畜交易传播到加蓬。当然，也有可能是从刚果共和国传播的。IV系 PPRV 将来很可能会传播到所有 PPR 流行国家。

基因谱系与根除疫病的关联性尚不明确。如果使用 PCR 和实时荧光定量 PCR 等核酸检测方法，谱系分类在 PPR 的诊断中能起一定的作用。在设计引物和探针时，序列必须是 4 个谱系病毒都保守的序列，这样才能保证检测覆盖所有已知的谱系，不漏检。已经有针对 PPRV 的一步实时 RT-PCR 检测方法，通过扩增靶基因 N 基因，可以检测 PPRV 的所有 4 个谱系（Kwiatek 等，2010）。用该方法检测 Ⅱ 系病毒的敏感性比 Bao 等（2008）报道的检测方法高。

由于 PPRV 都属于单一血清型，因此，谱系间会形成交叉保护。事实上，笔者还提出了一个"有争议"的假设，如果使用疫苗的谱系和本国流行的谱系不同，在没有出现其他谱系之前，对于辨别是流行毒株还是疫苗毒株是有利的。如果能够筛选到 F 基因或 N 基因序列不同区域的表位，可以设计开发 DIVA 疫苗以及相应的多肽 ELISA 试剂盒。

13.6.7 基因型、血清型和保护型

尽管基因型与评估保护作用不相关，但基因分型为病毒的流行病学研究提供了简单而有效的方法。基于同源和异源血清的体外病毒中和试验结果进行血清分型。如果 2 个病毒的血清型不同，则血清的中和性将非常低，甚至不存在。即使 2 种病毒的血清型不同，也有可能在体内表现出某种程度的交叉保护，其中交叉反应可能会引起交叉保护。在这种情况下，这 2 种病毒被认为属于同一保护型。

PPR 只有 1 个血清型。尽管 PPRV 和 RPV 之间存在交叉保护（可能是两者的保守蛋白引发的），但它们的血清中和滴度并不相同。RPV 有 3 个基因型，基因 1～3 型。与 PPRV 一样，全世界只使用一种牛瘟疫苗——RBO K 株（牛瘟病毒 Kabete "O" 株）疫苗。表 13.3 总结了以上基因型、血清型、保护型的一些特征。

表 13.3　基因型、血清型和保护型的比较

类型	基因型	血清型	保护型
定义	基于基因特征的分类	病毒中和试验（VNT）体外检测病毒和血清特异抗体间的反应	基于攻毒试验检测免疫相关性
要求	PCR 仪、测序仪	单特异性血清、试验体系	接种疫苗和攻毒

（续）

类型	基因型	血清型	保护型
优点	鉴定毒株，即使是混合感染 不需要病毒分离 可获取序列数据	评估病毒抗原特性	评估免疫相关性
缺点	只分析部分基因，不能完全反映病毒在体内的特征	需要特异性血清盘	基因和抗原性质不可知
应用	分子流行病学	抗原特性	评估已有疫苗的保护力

13.7 根除 PPR 和根除牛瘟的差异

尽管两者的抗原性和免疫性有相似之处，但在实施 PPR 防控策略时，还需注意以下差异（表 13.4）。

表 13.4 PPR 和牛瘟的区别

因素	免疫持续周期	无菌免疫	繁殖率	移动	种群稳定性	血清转化率	宿主	热稳定疫苗
牛瘟	终身	是	慢	有限	更稳定	高	牛	1995 年?
小反刍兽疫	3 年	是	快	更广泛	更新更快	低	小反刍动物，野生动物?	无热稳定疫苗

13.8 PPR 的诊断

病毒性疫病的常规诊断步骤：

- 直接用电子显微镜检测病毒；
- 病毒分离鉴定；
- 抗原检测；

- 基因组检测和测序；
- 特异抗体滴度增高。

每种方法在特异性、灵敏度、成本、试剂的可用性、试剂的质量、交叉反应性和试验对象等方面都有其自身特点，检测结果的解读也有所不同。疫病的确诊，一般需要经过整套体系才能完成。例如，在诊断人类免疫缺陷病毒（HIV）感染时，第一步是通过试纸条检测进行筛查，第二步是进行 ELISA 检测，第三步是利用免疫印迹试验进行验证。

相对于试验方法的特异性，在选择检测方法时更倾向于操作的简便性。虽然 ELISA 可以用于大规模筛查，但检测结果存在假阳性的概率，因此，需要免疫印迹试验进行验证。尽管免疫印迹方法特异性高，但这种方法操作过程冗繁且耗时。对于地方流行性疫病的诊断，在常规诊断条件下，可以优先采用特异性较高的检测方法。对于新发疫病应选择灵敏度高的检测方法，防止出现病例漏诊。同理，在进行疫病根除过程中，也应当选择敏感性高的检测方法。在大规模接种疫苗时，应选择特异性高的检测方法，而停止疫苗接种后，选择敏感度更高的检测方法。

在牛瘟和 PPR 共同流行期间，疫病诊断要重视鉴别诊断。目前，牛瘟已在全球根除，PPR 的诊断就不用再考虑与牛瘟的鉴别诊断。

下面总结了文献报道的 PPR 诊断方法。PPR 抗原检测试验包括：琼脂凝胶免疫扩散试验（AGID）、对流免疫电泳（CIEP）、血凝试验（HA）和免疫捕获 ELISA（ICE）。

琼脂凝胶免疫扩散试验操作简单，价格便宜，1d 就能出结果，非常适用于初步检测，因此，该方法使用范围很广。但 AGID 灵敏度低，无法检测出少量的病毒，特别是在温和型 PPR 感染、排毒量很低的情况下。对流免疫电泳检测方法更快捷，1h 就能出结果。对流免疫电泳检测的灵敏度比琼脂凝胶免疫扩散试验高，分别为 80.3% 和 42.6%（Obi 和 Patrick，1984）。

与牛瘟病毒不同，PPRV 具有血凝素活性（Wosu，1985）和神经氨酸酶活性（Seth 和 Shaila，2001）。很多研究用血凝试验检测 PPRV 抗原和抗体（Dhinakar Raj 等，2000；Manoharan 等，2005）。但不是所有 PPRV 分离株都有血凝素活性。疫苗株 Arasur/87 和 Sungri/97 具有血凝素活性，而 Sungri/96 株不具备血凝素活性（Hedge 等，2009）。因此，在选择血凝试验和血凝抑制试验进行 PPR 诊断时，需要考虑到这一因素。

抗原捕获 ELISA 适用于眼、鼻拭子等田间样本的检测，但该方法检测 PPRV 的最低检测量为 $10^{0.6}$ TCID$_{50}$/孔，检测 RPV 的最低检测量为 $10^{2.2}$ TCID$_{50}$/孔。这种检测的主要优势是快捷（在预包被板上进行，2h 内完成检测），特异性高（Libeau 等，1994）。

PPR 检测的另一个方法是检测病毒核酸。最先使用的 PPR 核酸检测方法是 DNA 杂交。1989 年，分别使用 PPR 和 RP 的 N 基因 cDNA 克隆作为探针，区分 RPV 和 PPRV 感染（Diallo 等，1989）。因为同位素 ^{32}P 的半衰期很短，且辐射对健康有害以及人员需要专门防护设备等原因，该技术不适合用于常规检测。

聚合酶链反应目前是最受欢迎的且敏感度高的检测工具。由于 PPRV 的基因组由 1 条单链 RNA 组成，因此，必须先使用逆转录酶转录为 DNA 后再进行扩增。这个 1 步或者 2 步的过程称为逆转录-聚合酶链反应。已经开发出了几种快速、特异性的 RT-PCR 检测 PPRV 基因组（表 13.5）。

传统 RT-PCR 需要凝胶分析检测 PCR 产品，这会造成污染风险，并且不适合高通量检测。为了克服这些缺点，近年来，研究人员建立了在封闭体系完成扩增和分析的实时荧光定量 RT-PCR。实时 RT-PCR（qRT-PCR）比传统 RT-PCR 灵敏 $10 \sim 100$ 倍。

另一项突破常规 PCR 的方法是环介导等温扩增试验（LAMP-PCR）。在此方法中，靶向扩增是在恒定温度下进行，扩增产物可通过肉眼观察到。该方法的灵敏度和 qRT-PCR 相当，是常规 RT-PCR 的 10 倍（Li 等，2010）。

常规实验室使用 RT-PCR、qRT-PCR 或 LAMP-PCR 检测常遇到的共同问题是，在缺乏良好实验室管理规范（GLP）的情况下，潜在的气溶胶污染会导致假阳性结果。可在检测方法中加入适当对照以避免上述情况发生，如加入无模板对照来排除试剂污染，扩增体系中用 RNA 替代 cDNA 为模板排除 DNA 污染。使用 TaqMan 探针的 qRT-PCR 可能是诊断的首选方法，因为该技术使用了 UNG 酶，无须打开试管，就可实时读取结果，避免了气溶胶污染，此外，探针的使用还避免了非特异扩增。尽管定量检测在 PPR 诊断中并不是必需的，但以上优势能在 PPR 根除过程后期发挥作用。

病毒分离是最可靠的诊断技术。在疫病急性期，动物临床症状明显时能够分离到病毒。在动物表现发热症状后 10d 内都可检测到病毒。可采集眼拭子（结膜囊）、鼻腔分泌物、口腔和直肠拭子以及全血（使用 EDTA 抗凝剂）等样品分离病毒。剖检可采集新鲜脾脏、淋巴结和消化道黏膜的病变部位样品进行病毒分离。可以使用的培养细胞系有原代羔羊肾细胞、Vero、B95a、MDBK 和 BHK-21 细胞。病毒分离需要在设备良好的实验室进行，且必须使用新鲜采集的样本。

在实施根除计划时，必须使用快速且灵敏的检测方法。最好有现场快速检测手段，快速得到检测结果有利于及时采取措施控制疫情。免疫捕获 ELISA 和 qRT-PCR 可以作为实验室确诊方法。敏感快速的抗体检测适合处理大规模样本以及进行疫苗效力评估。竞争 ELISA 技术与中和试验有良好的相关性。

小反刍兽疫检测方法和抗体评价方法见表 13.5。

表 13.5　小反刍兽疫检测方法

序号	诊断方法	检测靶标	特征	参考文献
1	琼脂凝胶免疫扩散试验（AGID）	沉淀原	操作简单、敏感性低	Obi 和 Patrick（1984），OIE（2008），Banyard 等（2010）
2	对流免疫电泳（CIEP）	沉淀原	操作简单、敏感性低、检测耗时少	Obi 和 Patrick（1984），OIE（2008）
3	血凝试验（HA）	H 蛋白	操作简单，需要血凝抑制试验验证	Wosu（1985），Dhinakar Raj 等（2000），Osman 等（2008）
4	斑点酶联免疫吸附试验（Dot ELISA）	病毒抗原	操作简单	Obi 和 Ojeh（1989），Saravanan 等（2006）
5	乳胶凝集测定（LAT）	病毒抗原	操作简单、快速，适合大规模田间样品的筛查	Meena 等（2009）
6	抗原捕获酶联免疫吸附试验（Immunocapture ELISA）	N 蛋白	高敏感性、高特异性	Libeau 等（1994）
7	夹心 ELISA	N 蛋白	高敏感性、高特异性	Dhinakar Raj 等（2008）

（续）

序号	诊断方法	检测靶标	特征	参考文献
8	逆转录-聚合酶链反应（RT-PCR）	病毒基因	高敏感性，可以获得病毒基因序列	Forsyth 和 Barrett（1995），Brindha 等（2001）
9	实时荧光定量逆转录-聚合酶链反应（qRT-PCR）	N 或 M 基因	高敏感性，高特异性、快速	Bao 等，（2008），Balamurugan 等（2010）
10	杂交捕获酶联免疫吸附试验（RT-PCR ELISA）	病毒基因	高敏感性、高特异性	Saravanan 等（2004），Senthil Kumar 等（2007）
11	环介导等温扩增试验（LAMP-PCR）	病毒基因	高敏感性，容易污染	Wei 等（2009），Li 等（2010）
12	病毒分离	感染病毒	检测金标准，能研究病毒特性，耗时，需要细胞培养设备	Anderson 等（2006），Brindha 等（2001），Sreenivasa 等（2006）
13	竞争酶联免疫吸附试验(Competitive ELISA)	H 或 N 蛋白的特异抗体	敏感快速，与保护力相关，适用于大规模血清学监测	Libeau 等（1995），Singh 等（2004a, b）
14	中和试验	病毒中和抗体	检测金标准，与保护力相关，耗时，需要细胞培养设备	Diallo 等（1995），OIE（2008），Abubakar 等（2011a）

13.9　PPR 疫苗

牛瘟疫苗对小反刍兽疫有交叉保护，因此，在牛瘟和 PPR 同时流行的时期，可以用牛瘟疫苗来免疫山羊和绵羊。这也是为什么全面停止牛瘟疫苗免疫后，PPR 感染病例急剧增加的原因。在 Vero 细胞中弱化 Nigeria/75/1 毒株，首次成功获得同源 PPR 疫苗（Diallo 等，1989）。这个疫苗在多个国家得到了广泛运用。在印度，Asasur/87、Coimbatore/97 和 Sungri/97 等 3 株弱毒疫苗是利用当地分离株在 Vero

细胞中弱化而来。Asasur/87（绵羊分离株）和 Coimbatore/97（山羊分离株）经历了 75 次连续传代，而 Sungri/97 经历了 60 次传代。这 3 种疫苗都有保护效力，适合商业生产和推广（Saravanan 等，2010）（表 13.6）。

在全球根除 PPR 的背景下，需要扩大 PPR 弱毒疫苗的生产力以满足全面控制疫病的需求。在静态培养和滚瓶培养无法满足生产需求时，可考虑使用微载体发酵罐培养 Vero 细胞或发酵罐悬浮培养 BHK_{21}。

表 13.6　现有的 PPRV 疫苗株

序号	疫苗株	谱系	来源	性质
1	Nigeria/75/1	I	山羊	血凝性
2	Arasur/87（AR/87）	IV	绵羊	血凝性，在细胞培养中复制速度快（Hedge 等，2009；Singh 等，2010）
3	Coimbatore/97（CBE/97）	IV	山羊	血凝性，在细胞培养中复制速度快
4	Sungri/96	IV	山羊	无血凝性，低复制率（Hedge 等，2009）

13.9.1　质量保证

在疫病根除阶段，在大批量生产疫苗时，要严格监控疫苗质量。为了保证疫苗生产企业严格遵守质控要求，最好对疫苗质控进行独立评估和认证。如果可能，应请与疫苗生产商不相关的"第三方"评估人员评估疫苗质控效果。同样，在进行实验室检测时，应当采用一致的国际标准、统一的试验规程，并使用参考试剂。

13.9.2　新一代疫苗

新一代疫苗采用了不同的研发策略。有以热稳定为目标的热稳定疫苗，有区分自然感染动物和疫苗接种动物（DIVA）的标记疫苗（表 13.7）。以羊痘病毒为载体开发的重组疫苗，可以同时预防小反刍兽疫和羊痘。采用表达 PPRV-F 蛋白的羊痘病毒载体疫苗以 0.1pfu 的低剂量免疫，可产生免疫效力（Berhe 等，2003）。表达 PPRV-H 蛋白或 PPRV-F

蛋白的重组羊痘病毒载体疫苗也能产生小反刍兽疫免疫保护力（Chen 等，2010）。牛痘病毒也能作为构建重组小反刍兽疫疫苗的载体。表达 PPRV-F 蛋白和 PPRV-H 蛋白的重组改良牛痘病毒（MVA）载体疫苗，能够引起山羊产生保护免疫应答。山羊在接种疫苗 4 个月后还能完全抵抗病毒攻击（Chandran 等，2010）。

表 13.7　新一代 PPR 疫苗

新一代疫苗技术	载体	表达蛋白	特征	参考文献
病毒载体疫苗	羊痘病毒	PPRV-F	低剂量（0.1pfu）可产生保护效力	Berhe 等（2003）
病毒载体疫苗	羊痘病毒	PPRV-H/F	长期免疫	Chen 等（2010）
病毒载体疫苗	牛痘病毒	PPRV-H 和 PPRV-F	接种疫苗 4 个月后可产生攻毒保护	Chandran 等（2010）
病毒载体疫苗	犬类腺病毒 2 型	PPRV-H/F/H-F 融合蛋白	持续 21 周的中和抗体应答	Wang 等（2013）
在植物中表达	转基因花生	PPRV-H 蛋白	口腔免疫山羊产生中和抗体和细胞介导的免疫应答	Khandelwal 等（2011）
反向遗传学	PPRV	绿色荧光蛋白（GFP）	适合中和抗体检测的高通量筛查	Hu 等（2012）
反向遗传学	PPRV	PPRV 蛋白突变	DIVA 的替代方法，表位改变，疫苗免疫应答缺乏针对抗体的表位	Buczkowski 等（2012）

利用反向遗传学方法可构建表达绿色荧光蛋白（GFP）的 PPRV。这种病毒适用于高通量的中和试验检测（Hu 等，2012）。

Buczkowski 等（2012）建立了一种构建 DIVA 疫苗的新策略，通过反向遗传学方法将蛋白突变引入病毒中。在构建的疫苗中，由于病毒表位被修改，由此疫苗免疫应答中缺乏针对该表位的抗体。

表达 PPRV-H 蛋白的犬类腺病毒 2 型（CAV-2）重组疫苗能激发山羊的中和抗体反应（Qin 等，2012）。表达 PPRV-H 蛋白、PPRV-F 蛋白或 PPRV-H-F 融合蛋白的重组腺病毒能产生持续 21 周的中和抗体（Wang 等，2013）。

用植物载体高效表达病毒抗原蛋白是一种经济高效的生产可食用疫苗

的方法。PPRV 的 H 蛋白能在转基因花生（*Arachis hypogaea*）载体中表达。重组蛋白可通过口服途径免疫山羊。接种疫苗的山羊能够同时产生中和抗体以及细胞免疫力（Khandelwal 等，2011）。

这些新一代疫苗都处于开发和验证阶段。在 PPR 根除计划初期可使用常规弱毒活疫苗，但在后期，DIVA 疫苗能发挥更大的作用。

13.9.3　PPR 热稳定疫苗

PPRV 不耐热，因此 PPR 常规弱毒疫苗需要冷链储藏。如果能研发耐热疫苗株，则在实行 PPR 根除计划时，就可以节约冷链成本。

含有海藻糖的冻干稳定剂能够提高 PPR 疫苗的耐热性。疫苗在 45℃ 的高温条件下稳定保存 14d，只损失很少的效力（Worrall 等，2001）。

使用乳清蛋白水解物-蔗糖和海藻糖稳定剂比 Weybridge 培养和明胶-山梨糖稳定剂更稳定。与 85％盐水相比，1mol/L 硫酸镁疫苗稀释液可以更长时间维持疫苗的有效滴度（Sarkar 等，2003）。和常规疫苗相比，用重水稀释氚化后，疫苗能保持更高的滴度（Sen 等，2009）。

和 Weybridge 培养相比，海藻糖 Tris 稳定剂冻干的 PPR 疫苗有更好的稳定性，该方法冻干的疫苗能在 4℃ 条件下保持 10^4 TCID$_{50}$/mL 的病毒效价长达 21 个月，在 37℃ 下效价能保持 144h（Silva 等，2011）。

通过高温连续传代，筛选出了 AR 87 毒株的热适应毒株。该疫苗在室温条件下能够维持 $10^{5.5}$ TCID$_{50}$/100μL 的滴度和效力长达 1 个月（Palaniswami 等，2005）。Sen 等（2010）开发了 2 种热稳定 PPR 疫苗。这 2 种疫苗在 37℃ 和 40℃ 条件下保质期分别是 7.62d 和 3.68d。

13.10　小反刍兽疫控制策略

根除疫病必须分 2 个阶段进行：

· 不让易感宿主接触病毒，切断传播链；

· 证明以上措施生效。

疫病根除需要综合运用多种方法：

· 接种疫苗；

· 生物安全；

· 了解疫病的流行病学。

在实施疫苗接种策略时，应确定是实施定向接种还是大规模接种。在根除牛瘟的行动中，印度采用了大规模接种，而南亚地区仅在疫病流行的地区实施疫苗免疫。

大规模免疫接种的劣势：

· 费用高昂；

· 没有疫病威胁的动物也要接种疫苗；

· 因为不存在疫病威胁，所以有不按规定免疫现象。

大规模预防接种所面临的挑战：

· 人力资源有限；

· 利益相关者参与度低；

· 资金有限；

· 没有足够的冷链；

· 国内局势动荡；

· 基础设施简陋；

· 沟通不畅；

· 动物跨境流动难以控制。

巴基斯坦是唯一一个没有借助大规模疫苗接种将牛瘟发病率降至零的国家，2001 年该国港口城市卡拉奇发生了最后一次疫病暴发。尽管大规模疫苗接种能够降低牛瘟的发病率，但无法根除疫病。因此，巴基斯坦在南部疫病流行地区开展了为期 2 年的脉冲式强化疫苗接种，这项接种非常成功，最终成功根除了牛瘟。

13. 11　疫病监测

官方公开宣布无疫，停止接种疫苗，并进入疫病监测阶段。

无疫状况应由以下方式证明：

· 临床疫病监测；

· 血清监测；

· 野生动物监测。

应使用 OIE 指定的检测方法对未接种疫苗的动物进行 PPRV 抗体监测，评估群体抗体水平。需要收集具有统计学意义的样本，来证明无疫和无感染状态。有很多研究在野生动物中检测到了 PPRV 抗体，因此，对野生动物进行临床监视和血清学监测是实现全球根除计划的先决条件之一。

当前，各个国家应先确定 PPR 在本国的流行状况，再做出是否实施 PPR 疫苗接种的决定。

PPR 在印度大范围流行（牛瘟大多流行于印度南部地区）。在印度北部山羊感染更为严重，而印度南部绵羊感染情况更严重。山羊和绵羊可以无限制在各邦之间活动，并且在买卖和放牧时更容易混杂在一起。从以上情况来看，实施根除计划，初期需要实施 3～5 年的大规模疫苗接种，每年对新生羔羊进行疫苗接种。尽管从人员和基础设施方面来看，全面疫苗免疫是巨大的挑战，但从疫病流行情况来看，全面疫苗免疫还是非常必要的（与牛瘟根除策略不同）。

接下来就是对存在疫病/感染以及高危动物种群进行定向免疫。这需要具备诊断检测、设备设施、试验、培训、报告系统和文档记录等各方面条件。疫病根除后，应停止疫苗接种，按 OIE 的方式进行疫病/感染监测。

总体来说，疫苗接种和生物安全措施双管齐下才能有效根除 PPR。首先，对小反刍动物进行足够的"深度"免疫，防止形成新的传播链，其次，在地方性流行区域实施密集的脉冲预防接种，消灭传染源。

在实施根除计划的过程中，还应注意 PPR 和牛瘟在流行病学方面的不同之处：PPR 的临床表现更为"温和"，尤其是在成年动物可能表现是自限性的。因此，临床上容易发生误诊或漏诊，导致感染持续蔓延。此外，由于误诊或漏诊，还可能导致感染动物被送去屠宰，加大了疫病传播风险。PPRV 感染在动物物种和品种的易感性上差异很大。

在市场（markets）、集市（fairs）和放牧（common grazing）情况

下，小反刍动物移动以及混群的可能性大。临床观察发现，在畜群新引进动物，或者未出售的动物返回畜群时，PPRV 感染易发生。

绵羊和山羊的种群密度高于普通牛和水牛。感染动物和易感动物的频繁接触增加了疫病传播的概率。此外，实现小反刍动物的免疫覆盖非常困难。即使 100％的动物都接种了疫苗，由于免疫操作、保定动物所需时间、环境温度、冷藏和运输设施等因素影响，血清转阳率也只有80％～85％。小反刍动物的繁殖率更高，因此新生无抵抗能力的易感幼畜数量多。此外，反刍动物的活动距离远，疫病的传播范围更大。此外，社会需求的不断增多也成为疫病根除的影响因素。印度泰米尔纳德邦（Tamil Nadu）没有骆驼，但到了庆祝节日的季节，会从拉贾斯坦邦（Rajasthan）运来大批骆驼，2 000km 多的运输距离增加了疫病传播风险。

13.12 普通牛或水牛在疫病控制中的作用

尽管 PPRV 能在普通牛和水牛体内复制，引起血清转阳，但普通牛和水牛不表现临床症状。印度的一项研究发现，普通牛和水牛的抗体阳性率为 4.58％（Balamurugan 等，2012）。这说明，在田间条件下，普通牛和水牛也会自然感染 PPRV。在 PPR 根除计划后期，可以将这些动物的监测结果作为疫源地的指示指标。

13.13 脉冲免疫接种策略

脉冲疫苗接种是指对一定年龄范围内的动物反复接种疫苗。这种方法成功运用于印度脊髓灰质炎免疫运动中。同持续性免疫需要很高的免疫覆盖率（＞95％）不同，脉冲接种只需很低的覆盖率就能抑制疫病的暴发。脉冲间隔取决于种群动态。

PPR 防控可采用混合免疫模式。在初级阶段，可通过高覆盖率的疫苗接种来减少易感动物数量，接下来选择覆盖率相对较低的脉冲免疫方式对4～12月龄羔羊实施免疫，创造"无感染"的环境，保护 PPRV 易感动物。

13.14　小反刍兽疫边境控制策略

当 PPR 流行国家正在进行疫病根除时，相邻国家也应当对疫病同样重视。两国间应达成共同的政治意愿以及搭建非政治沟通平台。特别是对于边境地区，政府之间应当联合行动，而不是单方面行动。建立区域合作机制在协调和确保各国政府共同行动中起到关键作用。

应加强边境地区的疫病预防控制措施。现场快速检测方法非常重要，几分钟内得到检测结果有利于及时采取防控措施。虽然有横向流动装置等快速检测方法可用，但这些方法的灵敏度还有问题。近年来发展起来的重组酶聚合酶扩增技术（RPA）能在 4～10min 得出结果，且不需要很多设备，非常适合现场快速检测。该方法应用在很多疫病的实验室检测中（Wang 等，2013）。

13.15　区分自然感染动物和疫苗接种动物 （DIVA）

1999 年，Jan T van Oirschot 提出了"区分自然感染动物和疫苗接种动物（DIVA）"这个术语。基本原理是基于 DIVA 疫苗产生的抗体应答与野生型病原体产生的应答不同。标记疫苗是野生病原体的缺失突变体，与伴随诊断试验（CDT）一起使用。

13.15.1　DIVA 策略

在采取疫苗免疫策略控制疫病时，鉴别自然感染动物和免疫动物非常重要。对于口蹄疫（FMD）等一些疫病目前可以实现这样的鉴别诊断，因为疫苗接种后产生的主要是针对结构蛋白的抗体，而感染动物还会产生非结构蛋白抗体。然而，当使用常规活疫苗或灭活疫苗时，则无法识别和区分感染抗体和免疫抗体。如果疫苗株缺乏一个抗原或加入额外的抗原（标记疫苗），那么使用适合的伴随诊断测试就有可能区分自然感染动物和免疫动物。

DIVA 策略的优势：

· 有助于发现存在的传染源；

· 有助于发现无疫区或停止免疫区再次发生的感染。

该疫苗有利于发现感染动物，剔除传染源，加快疫病根除步伐。

DIVA 疫苗的劣势：

· 如果 DIVA 疫苗是通过反向遗传学技术制备而成，那么不是所有国家的法律都允许这样的操作；

· 需用多种动物反复测试疫苗的安全性和效力；

· 伴随诊断试验（CDT）也需要进行验证；

· 在全球范围内应用的滞后性问题；

· 技术转让/许可问题。

13.15.2 控制 PPR 需要 DIVA 疫苗吗

目前，用于免疫预防 PPR 的多是减毒活疫苗，疫苗免疫后对病毒所有蛋白诱导产生相应的免疫应答，与自然感染引起的免疫应答不能区分。因此，在疫苗接种地区不能通过检测血清抗体来进行疫病流行情况监测。牛瘟是在没有 DIVA 疫苗的情况下被根除。因此，一般来说在 PPR 根除后期阶段，需要使用 DIVA 疫苗。

13.16 口蹄疫渐进性控制计划 （PCP） ——PPR 可以借鉴的经验

PCP-FMD 是由 FAO（粮农组织）和 OIE（世界动物卫生组织）联

合提出的，旨在协助疫病流行国家逐步控制口蹄疫，并减少疫病对农村人口生计的影响。

控制口蹄疫有 5 个步骤：

步骤 1：了解口蹄疫的流行病学并采用综合措施减少疫病带来的损失。

步骤 2：实施控制措施，降低疫病对一个或多个养殖区域或地区的影响。

步骤 3：疫病发病率逐步降低，随后在该国至少一个地区消除了家畜中的口蹄疫的传播。

步骤 4：实现免疫无疫。

步骤 5：实现非免疫无疫，彻底根除疫病。

口蹄疫渐进性控制计划的根除策略是否也适用于 PPR 还有待商榷。

由于山羊和绵羊的迁移频繁，控制它们迁徙的工作量巨大，因此，仅在国家的某个地区内实施控制策略是有难度的。

13.17　风险分析

基于风险的疫病控制方法往往更有效。因此，在根除疫病的过程中，可重点关注疫病传播的关键风险点的防控。

对于 PPR 来说，以下因素与疫病发生和流行有关：

· 易感绵羊和山羊种群以及其他易感物种；

· 引进动物及动物的移动；

· 生物安全措施不到位；

· 贸易和随季节变动的迁移线路；

· 活畜交易市场；

· 饲喂方法和生产系统，共享水源或牧场；

· 地理和环境因素——高温和湿度低的气候条件能使病毒存活率下降和疫病流行的风险降低；

- 家养动物和野生动物存在交集；
- 兽医服务的能力——能否快速进行诊断，防止疫病蔓延；
- 尸体剖检的能力；
- 其他地区或者其他国家的疫病情况；
- 边境地区风险大；
- 道路条件差和交通难以到达的地区。

这些因素可能因地而异，需要加以确定。识别这些风险有助于监测疫病的动向以及制定应急措施。

风险管理

加强监测和早期预警可以防范新发疫情。当接到绵羊/山羊，特别是幼畜死亡率异常的报告时，应立即进行诊断并采取相关措施来控制疫病。应鼓励疫病报告并给予一定奖励。存在疫病感染的地区应加强监测，可采取走访调查方式。

13.18 疫情暴发期间是否可以接种疫苗

PPR 一年四季都可以发生。在尼日利亚等国家，疫情从 12 月开始出现，第 2 年 4 月达到高峰期。因此，建议从 11 月开始接种疫苗。在印度等夏季（3—6 月）高温国家，考虑到高温会降低疫苗的活性，应当在 10—11 月进行疫苗免疫。

Abubakar 等（2012）报道在粪便中检测到 PPRV。在巴基斯坦暴发的一次山羊疫情中，对部分感染山羊接种了疫苗，而另一部分则没有。观察发现，免疫的山羊在接种疫苗后 1 个月，粪便中排出病毒，而未免疫山羊粪便排出病毒的时间长达 2 个月。粪便排毒增加了 PPR 流行病学的复杂性，需要进一步关注。

13. 19 结论

总结以上讨论，可以得出以下结论：

· PPR 的疫病特点、防控技术和经济影响使我们相信 PPR 能成为下一个被根除的疫病；

·需要对 PPR 的流行病学特征，如野生动物的作用和粪便排毒等问题进行更深入的研究；

·加强热稳定疫苗和现场快速诊断方法研究；

·开发 DIVA 疫苗，并在 PPR 根除后期阶段使用；

·需借鉴牛瘟和口蹄疫的根除或控制策略，并制定适用于不同区域的独特的 PPR 根除计划；

·所有国家必须联手保护作为"穷人的奶牛"的小反刍动物，实现减贫和经济包容的最终目标。